Möbel restaurieren

RICHARD RUTHERFORD

KÖNEMANN

INHALT

Ein gedrechselter alter Küchenstuhl (ganz links, oben) wurde abgebeizt und repariert (ganz links, unten) und anschließend mit Acrylfarbe lackiert.

***VORHER** Der Anstrich dieses alten Schreibpults war zerkratzt und abgeplatzt.*

ABBEIZEN VON FARBLACKEN

Mit einem chemischen Abbeizmittel lassen sich eine oder mehrere Farbschichten von Möbeln gründlich entfernen, wie zum Beispiel bei diesem mehrmals überlackierten Schreibpult.

WERKZEUG UND MATERIAL

- Abbeizer und alter Pinsel
- Handschuhe, Schutzbrille, Staubmaske
- Farbspachtel
- Dreiecksschaber
- Schleifpapier, je drei Blatt Körnung 80, 100, 120 und 150
- Schwingschleifer
- Korkschleifklotz
- Saubere Lappen

Arbeitsanleitung

1 Mit einem alten Pinsel tragen Sie das Abbeizmittel auf, wobei Sie sich einen Bereich nach dem anderen vornehmen. Lesen Sie die Gebrauchsanleitung und beachten Sie die Sicherheitsvorkehrungen. Bei der Arbeit tragen Sie Handschuhe und Schutzbrille. Stellen Sie das Möbel in einen gut belüfteten Raum.

2 Mit einem Spachtel kratzen Sie die aufgeweichte Farbe Bahn für Bahn von

***NACHHER** Auf abgebeiztem Untergrund haftet der frische Anstrich gut.*

den Holzflächen. Für Rillen und in Ecken verwenden Sie einen gekröpften Schaber. Waschen Sie überschüssigen Abbeizer mit Wasser oder einem Lösemittel ab. Lassen Sie das Holz trocknen.

3 Schleifen Sie die Flächen und Kanten mit dem Schwingschleifer oder per Hand mit Schleifpapier. Beginnen Sie mit grober Körnung (80) und verwenden Sie für die folgenden Schleifgänge zunehmend feinere Körnungen.

4 Wischen Sie den Schleifstaub gründlich ab. Das frisch lackierte Möbelstück ist auf Seite 35 abgebildet.

1 Zum Auftragen des Beizmittels verwenden Sie einen alten Pinsel. Beachten Sie die Gebrauchsanleitung.

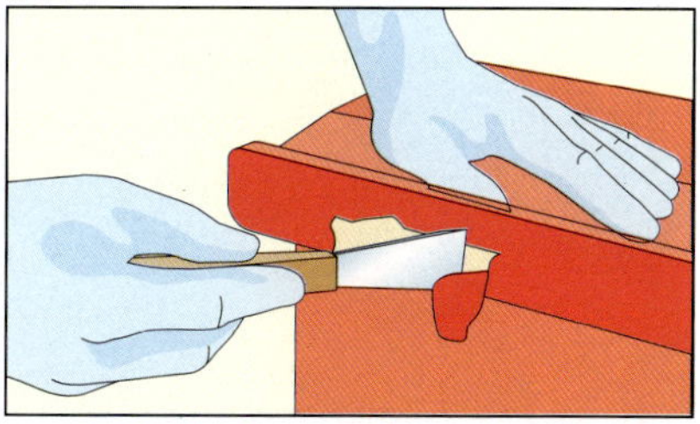

2 Mit dem Farbspachtel wird die aufgeweichte Farbe vom Untergrund und aus den Ecken gekratzt.

VORHER Dieser Kleiderschrank mit aufwendigen Glasfüllungen wurde mehrmals mit verschiedenen Farben ganz oder teilweise überstrichen und ist durch langen Gebrauch unansehnlich geworden.

FARBE MIT HEISSLUFT LÖSEN

Wenn Sie keine chemischen Abbeizmittel verwenden wollen, gibt es auch Möglichkeiten, alte Farbanstriche auf mechanischem Weg zu entfernen. Sie können mit Ziehklingen und Stahlwolle arbeiten, dürfen aber die Flächen nicht verletzen. Bei diesem Kleiderschrank wurde ein Heißluftgebläse eingesetzt, um die Farbe vor dem Abziehen aufzuweichen.

Arbeitsanleitung

1 Halten Sie dic Düse des Heißluftgebläses im Abstand von 5–10 cm über die lackierte Fläche. Die Entfernung richtet sich nach Stärke und Art der Farbe. Die Farbe sollte Blasen werfen, aber nicht anbrennen. Sobald sich auf der Lackschicht Blasen bilden, kratzen Sie sie mit dem Spachtel ab. Entfernen Sie auf diese Weise soviel Farbe wie möglich.

HINWEIS

Entfernen Sie vor der Oberflächenbehandlung alle Türen, Schubladen, Schlösser, Scharniere und Beschläge. Das mag nicht in allen Fällen möglich sein (von Schubladen abgesehen), erleichtert aber die Arbeit erheblich und steigert die Qualität.

WERKZEUG UND MATERIAL

- Heißluftgebläse
- Spachteln verschiedener Größe
- Schleifpapier, je vier Blatt mit Körnung 80, 100, 120 und 150
- Schwingschleifer
- Handschuhe, Schutzbrille, Staubschutz
- Korkschleifklotz
- Dreiecksschaber
- Ziehklinge
- Saubere Lappen

2 Beginnen Sie beim Abschleifen des Möbels mit grobem Schleifpapier. Sie können Zeit und Mühe sparen, wenn Sie auf großen, ebenen Flächen mit dem Schwingschleifer arbeiten. Mit Schleifklotz und Schleifpapier dauert es länger

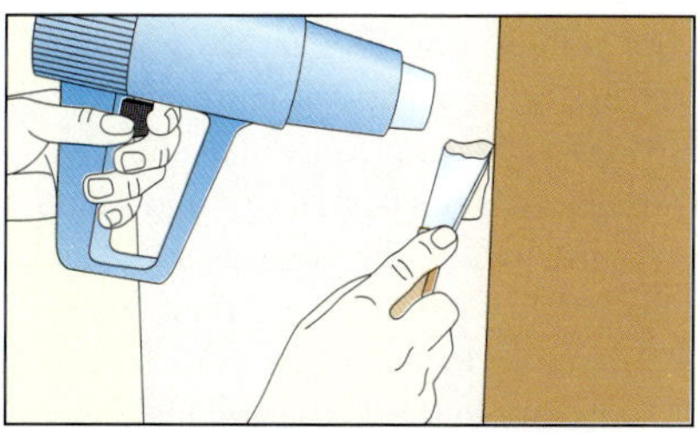

1 Halten Sie die Düse des Heißluftgebläses 10 cm von der Oberfläche entfernt, kratzen Sie die weiche Farbe ab.

2 Schleifen Sie den Untergrund glatt. Der Schwingschleifer erleichtert die Arbeit auf ebenen Flächen.

SCHABEN UND ABZIEHEN

Beim Entfernen von Farbresten halten Sie den Schaber oder die Ziehklinge mit beiden Händen und ziehen das Werkzeug zum Körper hin, denn in der Gegenrichtung könnte der Untergrund eingekerbt werden.

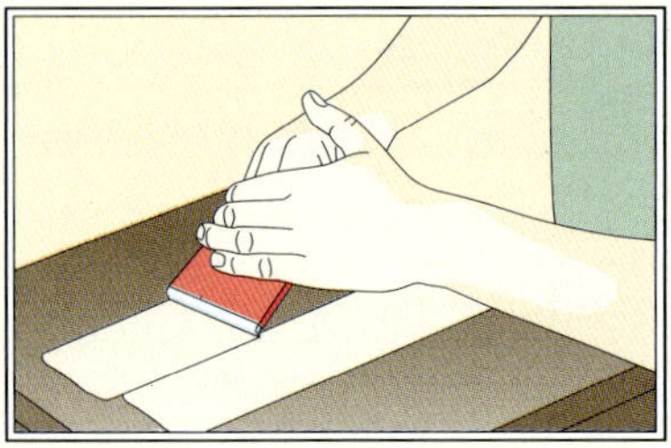

Den Schaber fest mit beiden Händen halten und heranziehen.

und kostet mehr Kraft, das Ergebnis ist jedoch ebenso gut.

3 Nehmen Sie Ziehklinge und Dreiecks- oder Profilschaber, um in Ecken und an andere schwer zugängliche Stellen zu gelangen. Benutzen Sie nacheinander Schleifpapier mit zunehmend feinerer Körnung, bis alle Bereiche des Untergrunds sauber und glatt sind.

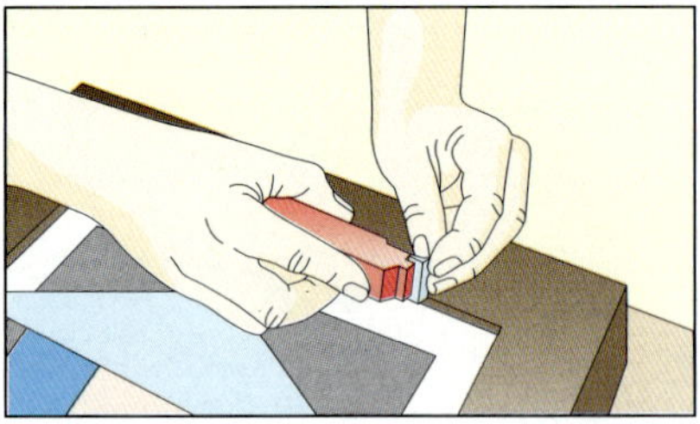

3 Verwenden Sie an schwer zugänglichen Stellen und in Ecken Ziehklinge oder Sandpapier.

BLEIFARBE

Bis um 1950 wiesen für Innen- und Möbelanstriche verwendete Farben einen hohen Bleigehalt auf. Selbst heute noch gibt es bleihaltige Farben zu kaufen. Beim Entfernen alter Farbanstriche können giftige Dämpfe entstehen, die für die Gesundheit insbesondere von Kindern und schwangeren Frauen sehr schädlich sind. Auch Haustiere können davon geschädigt werden. Im Farbenfachhandel gibt es Mittel zu kaufen, um Farben auf Bleigehalt zu prüfen.

Das trockene Entfernen alter Farbanstriche ist die gefährlichste Methode, weil dabei feiner Staub entsteht und in die Lungen gelangt. Bei bleihaltigen Farben sollte man nicht mit Sandstrahlpistole, Lötlampe, Schaber oder Schleifpapier arbeiten.

Am sichersten ist das Abbeizen auf chemischem Weg, wenn man die alte Farbmasse gleich nach dem Entfernen in einen Kübel gibt, in dem sie später entsorgt wird. Mit dem Heißluftgebläse kann man sehr dicke Farbschichten auf ebenen Flächen aufweichen, nur sollte man die Farbe nicht anbrennen lassen. Spülen Sie den von Farbe befreiten Untergrund gründlich mit Wasser ab, um den Schleifstaub restlos zu entfernen.

Tragen Sie beim Entfernen alter Anstriche Arbeitskleidung und eine Atemschutzmaske. Sorgen Sie dafür, daß sich während der Arbeit weder Kinder und schwangere Frauen noch Haustiere in der Nähe aufhalten. Arbeiten Sie nicht bei Wind, denn der wirbelt den Staub auf.

***NACHHER** Durch Abbeizen und Schleifen des Kleiderschranks wurden mehrere alte Farbschichten entfernt und die Oberflächen für die weitere Behandlung vorbereitet.*

VORHER Die Farbe auf diesem eisernen Bettgestell war rissig und abgeplatzt.

EISEN MECHANISCH REINIGEN

Farbe auf Teilen aus Guß- und Schmiedeeisen wie diesem altmodischen Bettgestell wird mit Schaber, Drahtbürste und Schleifpapier entfernt. Auch Roststellen lassen sich dabei beseitigen.

Arbeitsanleitung

1 Kratzen Sie abblätternde Farbe mit dem Schaber ab. Untersuchen Sie den Gegenstand auf Roststellen und beseitigen Sie diese ebenfalls mechanisch.

WERKZEUG UND MATERIAL

- Farbspachtel
- Handschuhe, Schutzbrille, Staubschutz
- Drahtbürste oder Bohrmaschine mit Bürsteneinsatz
- Schleifpapier, jeweils zwei Blatt mit Körnung 80 und 120
- Gartenschlauch

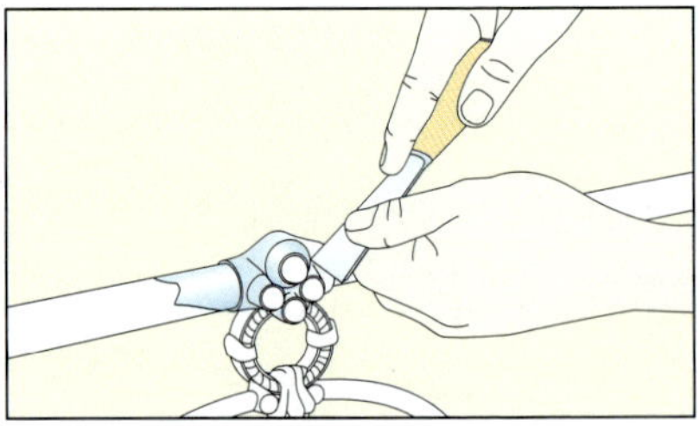

1 Kratzen Sie lose Farbe vom Untergrund und entfernen Sie den Rost, der sich auf dem Eisen gebildet hat.

***NACHHER** Alle alten Farbreste wurden mechanisch entfernt.*

2 Zum Entfernen der Farbe auf reliefierten Flächen und Verzierungen nehmen Sie die Drahtbürste. Es gibt Bürsteneinsätze für Bohrmaschinen, die diese Arbeit erheblich erleichtern. Die besten Ergebnisse erreichen Sie mit Kompressor und Sandstrahlpistole, doch ist die erforderliche technische Ausstattung sehr kostspielig.

3 Lassen Sie einen dünnen Wasserstrahl über die Stelle laufen, die Sie gerade bearbeiten. Glatte Flächen schleifen Sie mit Schleifpapier ab, wobei Sie nacheinander Körnung 80 und 120 benutzen.

4 Spülen Sie den Gegenstand gründlich mit Wasser ab. Nachdem er trocken ist, können Sie ihn grundieren.

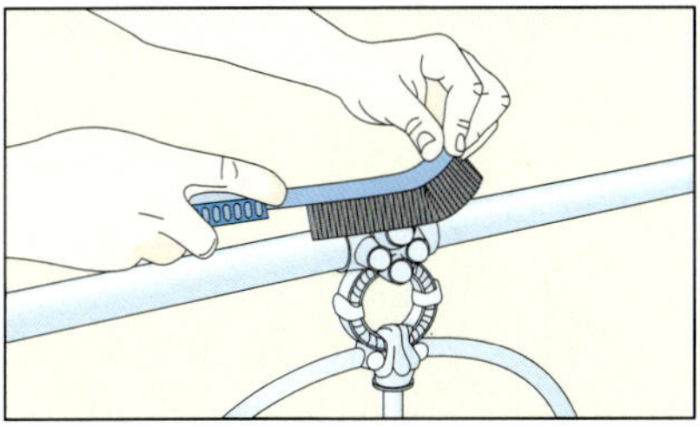

2 Reinigen Sie Verzierungen mit der Drahtbürste oder mit dem Drahtbürsteneinsatz der Bohrmaschine.

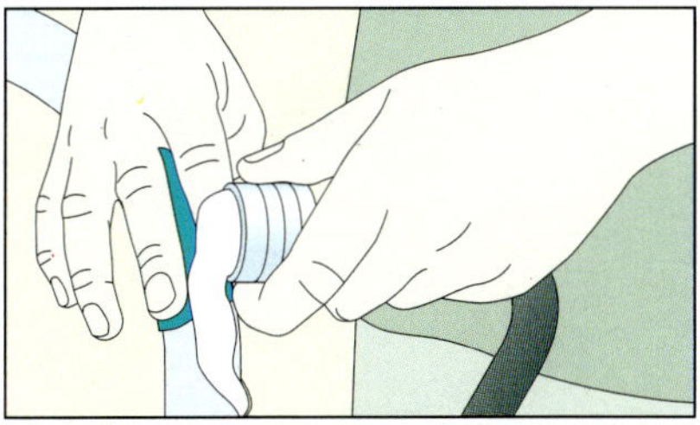

3 Lassen Sie Wasser über unebene Stellen laufen und entfernen Sie die alte Farbe mit Schleifpapier.

RATTANMÖBEL ABBEIZEN

Alte Anstriche auf Rohr- und Korbmöbeln entfernt man am besten mit Abbeizer, der auch in Ritzen und Vertiefungen eindringt.

WERKZEUG UND MATERIAL

- Abbeizer und alter Pinsel
- Handschuhe, Schutzbrille, Staubmaske
- Dreiecksschaber
- Ziehklinge
- Farbspachtel
- Mildes Reinigungsmittel
- Drahtbürste
- Exzenter- und Deltaschleifer (optional)
- Schleifpapier, je zwei Blatt mit Körnung 100 und 120
- Weicher Pinsel oder Lappen

Arbeitsanleitung

1 Mit einem alten Pinsel tragen Sie das Abbeizmittel auf. Streichen Sie den Abbeizer satt in alle Lücken und Ecken.

2 Kratzen Sie die alte Farbe ab. Stellen, an denen sich die Farbe noch nicht gelöst hat, werden noch einmal behandelt.

3 Waschen Sie das Abbeizmittel mit Wasser und einem milden Reinigungsmittel ab. Entfernen Sie alte Farbe gründlich, sonst haftet der frische Anstrich schlecht.

4 An schwer zugänglichen Stellen entfernen Sie alte Farbe mit der Drahtbürste.

5 Bestücken Sie den Exzenterschleifer mit Scheiben mit Körnung 80 und schleifen Sie alle gut zugänglichen Stel-

RATTAN AUFFRISCHEN

Naturbelassene Rohrmöbel reinigt man mit warmem Seifenwasser. Stellen Sie das Stück zum Trocknen mehrere Stunden in die Sonne. Sonnenlicht bleicht das Rattanrohr.
Rohrmöbel lassen sich noch stärker bleichen, wenn man sie mit kaltem Salzwasser oder einem stark verdünnten Bleichmittel wäscht und in der Sonne trocknen läßt.

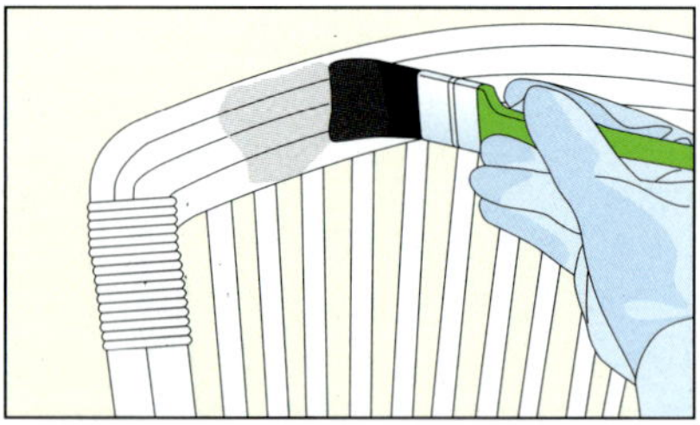

1 Tragen Sie den Abbeizer mit einem alten Pinsel auf, streichen Sie ihn auch in Ritzen und Vertiefungen.

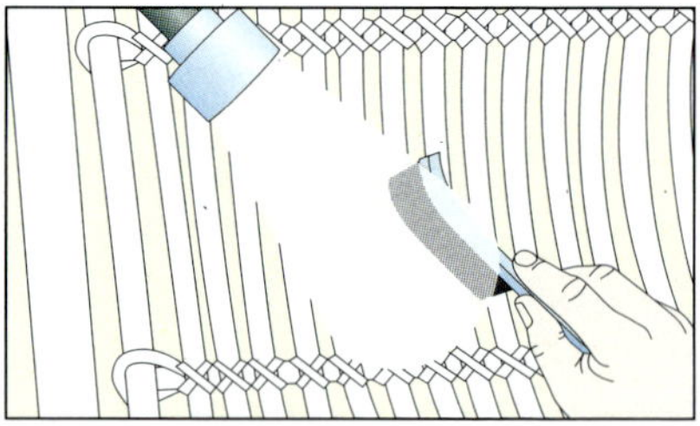

3 Entfernen Sie das Beizmittel restlos, denn Rückstände nehmen beim Streichen keine Farbe an.

VORHER Abblätternde Farbe, Schmutz und lockere Verbindungen haben diesen Rattansessel unansehnlich gemacht. Hier ist eine gründliche Restaurierung angesagt.

NACHHER Nachdem der Rattansessel gereinigt, repariert und der alte Farbanstrich abgebeizt wurde, kann er frisch lackiert werden. Dies geschieht am besten mit klarem Acryllack.

LOCKERE VERBINDUNGEN AN RATTENMÖBELN REPARIEREN

Rohrmöbel werden mit dünnen Streifen aus Weidenholz zusammengehalten. Es kommt häufig vor, daß diese Verbindungen sich lockern.

1 Weichen Sie neue Weidenstreifen in Wasser ein, bis sie biegsam sind.

2 Befestigen Sie das eine Ende des Streifens mit einem dünnen, kurzen Nagel am Rohr. Sie können ihn auch klammern oder mit Weißleim ankleben. Wickeln Sie den Streifen so stramm wie möglich um die Verbindung und sichern Sie ihn mit einer Klammer, während Sie weiter wikkeln. Nageln Sie das andere Ende an.

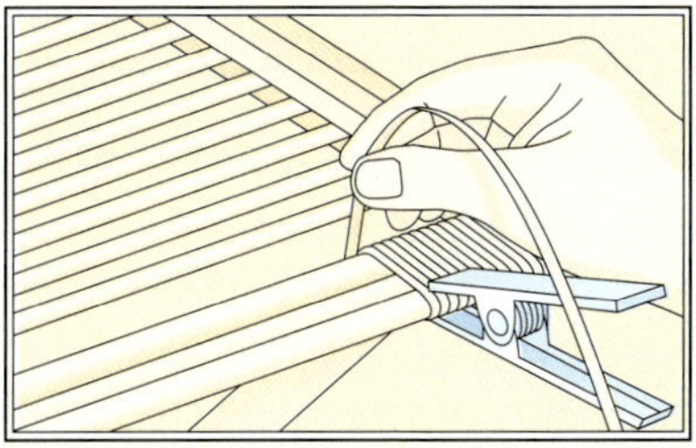

2 Spannen Sie die Weidenstreifen so stramm wie möglich, indem Sie sie mit Klammern festklemmen.

Gelockerte Verbindungen sind die Schwachstellen von Rattanmöbeln.

Die gelockerten Verbindungen wurden mit Weidenstreifen befestigt.

len. Winkel, die Sie mit dem Exzenterschleifer nicht erreichen, müssen per Hand mit Schleifpapier Körnung 100 und 120 oder besser mit dem Deltaschleifer bearbeitet werden.

6 Entfernen Sie den Schleifstaub mit einem weichen Pinsel. Streichen Sie den Sessel neu an (frisch gestrichen sehen Sie ihn auf Seite 45).

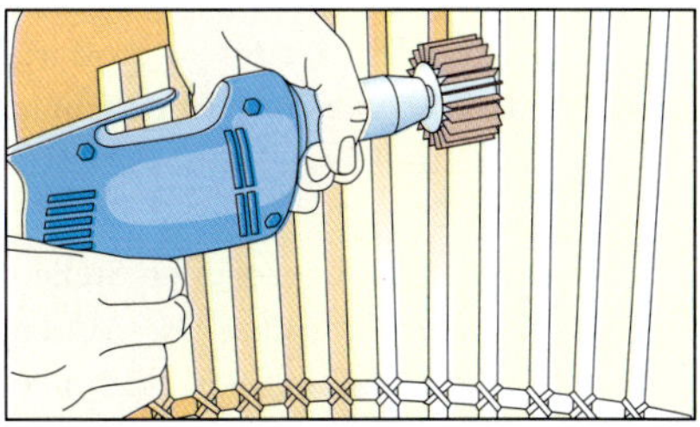

5 Es gibt eine große Auswahl an Schleifvorsätzen für Bohrmaschinen zu allen möglichen Zwecken.

KLARLACKÜBERZÜGE MIT DER ZIEHKLINGE ABKRATZEN

Weil Klarlacküberzüge auf alten Möbeln sehr spröde und brüchig sein können, lassen sie sich vielfach leicht abkratzen. Sollte die Lackschicht zu fest haften, müssen Sie sie mit einem chemischen Abbeizer lösen und mit dem Spachtel entfernen.

WERKZEUG UND MATERIAL

- Ziehklinge
- Schleifpapier: zwei Blatt Körnung 100, drei Blatt Körnung 150, zwei mit Körnung 180 und eins mit Körnung 240
- Korkschleifklotz
- Schutzbrille und Atemschutz
- Flache Vierkantfeile
- Drahtbürste
- Reinigungstuch

Arbeitsanleitung

1 Schrauben Sie alle Beschläge und Scharniere ab.

2 Kratzen Sie den Lack mit der Ziehklinge ab. Beginnen Sie auf den Flächen und ziehen Sie die Klinge in zwei Richtungen im rechten Winkel quer zur Faser. Wenn der Widerstand zu groß ist, halten Sie die Klinge beim Ziehen schräg zur Faser, etwa im Winkel von 45°.

3 Schleifen Sie die abgezogenen Stellen mit Schleifpapier Körnung 100. Dazu können Sie den Schleifklotz nehmen oder den Exzenterschleifer. Für schwer zugängliche Stellen wie Kranzgesimse hat sich der Deltaschleifer bewährt.

4 Zum Entfernen des alten Anstrichs auf Profilen verwenden Sie die Ziehklinge. Halten Sie sie mit den Fingern dicht über der Schneide fest und kratzen Sie den Lack aus den Ritzen. Normalerweise ziehen Sie die Klinge zum Körper hin, aber in Rillen und Ecken können Sie sie auch von sich weg schieben.

5 Benutzen Sie eine Feile mit geraden Kanten, um Rillen zu begradigen.

6 Beim Feinschliff arbeiten Sie am besten mit dem Schwingschleifer. Kleinere Flächen bearbeiten Sie mit Schleifpapier. Um in Ecken und Rillen zu gelangen, falten Sie den Bogen und arbeiten mit der Kante. Verwenden Sie nacheinander Körnungen von 150 bis 240. Wischen Sie den Staub ab. Die restaurierte Kommode sehen Sie auf Seite 58.

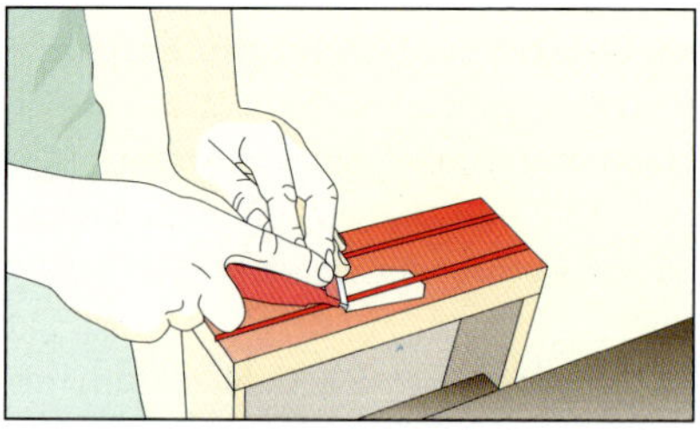

2 Zum Abkratzen des Klarlacküberzugs ziehen Sie die Ziehklinge in Richtung des Faserverlaufs.

VORHER Der verschrammte Klarlacküberzug dieser Kommode ist so spröde geworden, daß er mit der Ziehklinge abgekratzt werden mußte.

NACHHER Die Schönheit des Holzes kommt zum Vorschein. Die ausgebrochene Ecke wurde repariert (siehe Seite 31).

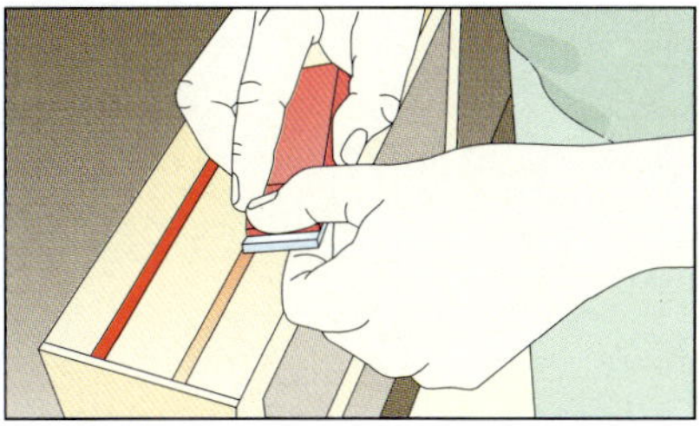

4 Mit der Ecke der Ziehklinge kratzen Sie die Rillen aus. Halten Sie sie mit den Fingern beider Hände fest.

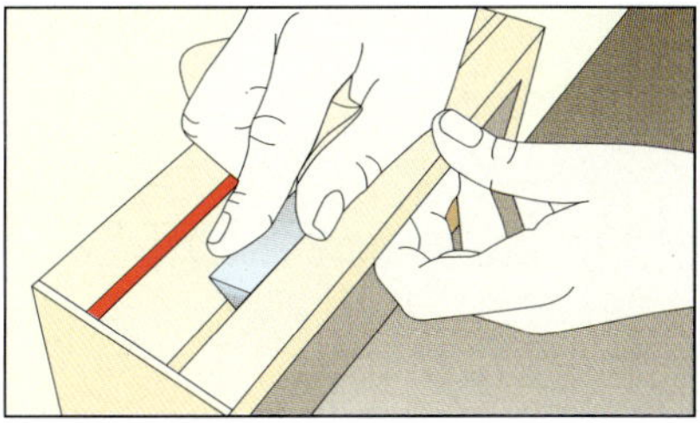

5 Nehmen Sie eine Dreikantfeile, um Kanten und Rillen zu begradigen und zu vertiefen.

VORHER Diese dreischübige Kommode hatte schon bessere Tage gesehen. Der Lacküberzug war schadhaft geworden und mußte entfernt werden.

KLARLACKSCHICHTEN ABBEIZEN

Mit chemischen Abbeizmitteln kann man Klarlackanstriche auf alten Möbeln genauso wirksam entfernen wie Lackfarben. Es ist die beste Methode, wenn die Lackschicht noch fest haftet und mechanische Mittel versagen.

Arbeitsanleitung

1 Schleifen Sie das Werkstück mit grobem Schleifpapier, um die Lackschicht aufzurauhen, damit der Abbeizer besser eindringen kann.

2 Stellen Sie das Möbel ins Freie und legen Sie alte Zeitungen oder Kunststoffolie unter, um herabfallenden Lack aufzufangen. Tragen Sie Handschuhe, wenn Sie den Abbeizer mit dem Pinsel aufstreichen. Streichen Sie das Abbeizmittel satt auf. Verlassen Sie den Arbeitsplatz, während das Abbeizmittel einwirkt. Bis sich Blasen bilden oder der Anstrich sich zu lösen beginnt, können ein bis vier Stunden vergehen.

3 Kratzen Sie den aufgeweichten Lack mit dem Spachtel ab. Wenn die Lackschicht sich nicht restlos entfernen läßt, müssen Sie erneut Abbeizer aufstreichen.

WERKZEUG UND MATERIAL

- Schleifpapier: jeweils vier Blatt Körnung 80 und 100, zwei Körnung 120, fünf Körnung 150, drei Körnung 180 und vier Körnung 240
- Zeitungen oder Kunststoffolie
- Handschuhe, Schutzbrille, Atemschutz
- Alter Pinsel
- Abbeizer
- Spachteln unterschiedlicher Größe
- Mildes Reingungsmittel
- Dreiecks- und Profilschaber
- Korkschleifklotz
- Exzenterschleifer (optional)
- Weicher Pinsel oder Lappen
- Reinigungstuch

4 Beseitigen Sie alle Abbeizmittelreste. Entweder waschen Sie die Kommode mit Wasser und einem milden Reini-

2 Tragen Sie das Abbeizmittel satt auf. Stellen Sie das Möbel während der Arbeit ins Freie.

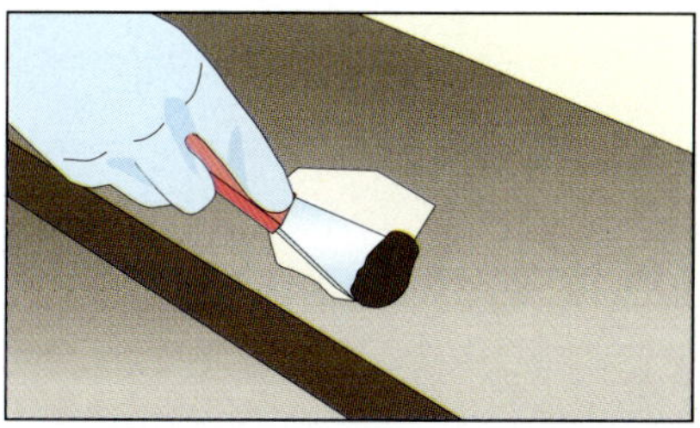

3 Wenn die Lackschicht sich zu lösen beginnt, entfernen Sie die alte Farbe mit dem Spachtel.

Rillen reinigt man am gründlichsten mit einem chemischen Abbeizmittel.

gungsmittel ab, oder Sie verwenden ein Lösungsmittel. Wasser kann das Holz schädigen, deshalb empfiehlt es sich bei alten und kostbaren Möbeln, mit einem Lösungsmittel zu arbeiten. Stellen Sie Holz zum Trocknen nie in die Sonne.

5 Kratzen Sie Lackreste mit einem Dreiecksschaber aus Ritzen und Ecken.

6 Schleifen Sie alles mit Schleifklotz und Schleifpapier ab, wobei Sie nacheinander Körnungen von 80 (wenn die Oberfläche sehr rauh geworden ist) bis 240 verwenden. Auf größeren Flächen können Sie den Exzenterschleifer einsetzen. Zum Reinigen der Ecken falten Sie das Schleifpapier. Wischen Sie den Schleifstaub ab. Auf Seite 46 sehen Sie die restaurierte Kommode.

SICHERHEIT GEHT VOR

Schleifen

- Tragen Sie beim Schleifen Atemschutzmaske und Schutzbrille. Beim Entfernen giftiger Farbaufträge, zum Beispiel von Bleifarben, müssen Sie vorsichtig sein, damit Sie keine schädlichen Dämpfe einatmen.
- Legen Sie einen Gehörschutz an, wenn Sie mit elektrischen Schleifmaschinen arbeiten.

Abbeizen

- Chemische Abbeizmittel können die Haut verätzen. Tragen Sie zum Schutz der Augen eine Schutzbrille, vor allem dann, wenn Sie das Überzugsmaterial abkratzen. Arbeiten Sie immer mit Handschuhen und langärmeliger Kleidung.
- Weil Abbeizmittel unangenehm riechen, sollte man sie nur an einem gut belüfteten Ort oder im Freien einsetzen.

Überzugsmittel auftragen

- Sorgen Sie für wirksame Belüftung am Arbeitsplatz.

5 Mit den scharfen Spitzen eines Dreiecksschabers gelangt man auch in schwer zugängliche Stellen und Ecken.

6 Zum Abschleifen verwendet man nacheinander Schleifpapier verschiedener Körnungen.

***NACHHER** Nachdem der alte Lacküberzug mit chemischem Abbeizer entfernt und das Möbel gründlich geschliffen wurde, kamen die natürliche Farbe und die Schönheit des Holzes zum Vorschein.*

SCHELLACKPOLITUR ENTFERNEN

Schellackpolituren bestehen aus Schellackblättern, die in Spiritus aufgelöst wurden. Zum Entfernen benutzt man ein Lösungsmittel auf Alkoholbasis. Der Vorgang ist unkompliziert, man muß aber viel Geduld aufbringen und kräftig reiben. Mit der Handpoliermaschine geht es einfacher.

Arbeitsanleitung

1 Tragen Sie das Lösungsmittel mit Stahlwolle oder einem Nylonfaservlies auf die Oberfläche auf. Das Schleifvlies ist praktischer, weil es sich nicht so schnell mit Beizschlamm zusetzt. Tragen Sie dabei Gummihandschuhe. Reiben Sie auf einer kleinen Fläche und bewegen Sie den Ballen nach beiden Seiten in Faserrichtung. Mit einem mit Lösungsmittel getränkten Lappen wischen Sie die Schellackreste ab, bevor Sie die nächste Fläche in Angriff nehmen.

2 Aus Rillen und Ecken kratzen Sie den Schellack mit der Ziehklinge heraus. Für schwer zugängliche Stellen und Ecken nehmen Sie die Feile.

3 Schleifen Sie zunächst mit Körnung 80. Legen Sie das Schleifpapier um den Schleifklotz oder falten Sie das Blatt, um an schwierige Stellen besser heranzukommen. Wiederholen Sie das Abschleifen mit allen Körnungen außer den sehr

WERKZEUG UND MATERIAL

- Spiritus (etwa 1 Liter für ein kleines Möbel)
- Feine Stahlwolle oder Schleifvlies
- Gummihandschuhe und Atemschutz
- Saubere Lappen
- Ziehklinge
- Holzfeile
- Schleifpapier: jeweils zwei Blatt Körnung 80, 100, 120, 180, 220, 280, 320
- Korkschleifklotz
- Handpoliermaschine (optional)
- Schwingschleifer (optional)
- Weicher Pinsel oder Reinigungstuch

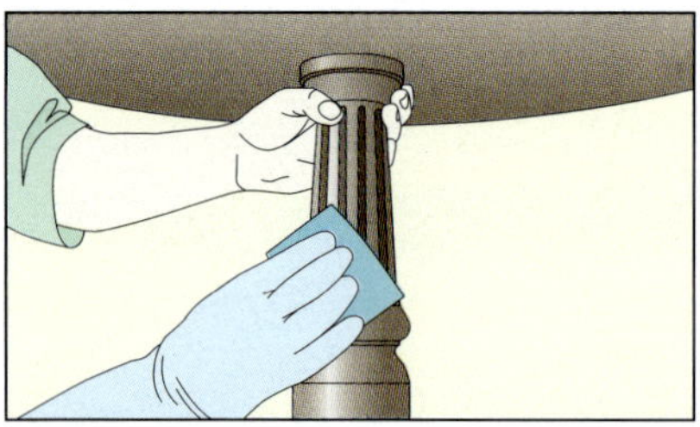

1 Tragen Sie das Lösemittel mit feiner Stahlwolle oder einem Schleifvlies auf. Tragen Sie Handschuhe.

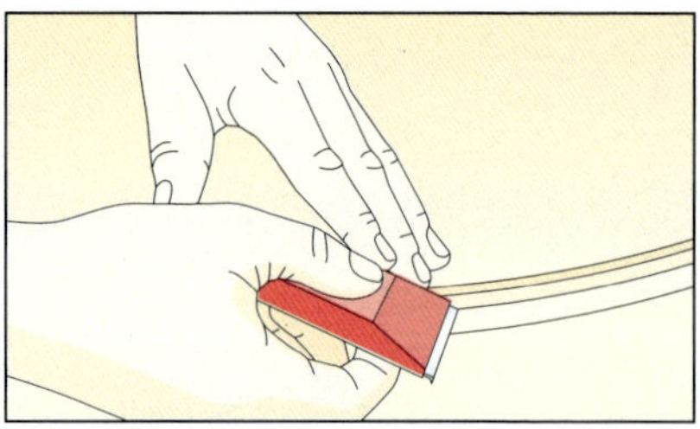

2 Aus Ecken und Fugen kratzen Sie den alten Schellacküberzug mit der Abziehklinge heraus.

VORHER Die alte Schellackpolitur auf diesem Säulentisch war stark mitgenommen und zerkratzt, insbesondere auf der Tischplatte und am Fußgestell.

***NACHHER** Nachdem die alten Schellackschichten restlos entfernt worden waren und man den Tisch einer gründlichen Reinigung unterzogen hatte, stellte sich heraus, daß das Möbel aus zwei verschiedenen Hölzern gefertigt war.*

feinen. Verhältnismäßig glatte Flächen erzielen Sie auch mit nur drei Schleifpapierkörnungen (80, 180 und 320), aber wenn Sie die Oberfläche mit Wachs, Klarlack oder Öl behandeln wollen, sollten Sie mit allen zur Verfügung stehenden Körnungen schleifen.

4 Wenn die Oberfläche mit einem ölhaltigen Mittel eingelassen werden soll, lassen Sie das Möbel einige Zeit stehen, damit die Feuchtigkeit aus der Luft in die Poren eindringen und sie erweitern kann. Wenn Sie ein wasserlösliches Mittel verwenden wollen, müssen Sie die Flächen mit einem feuchten Lappen abwischen und wieder zwischenschleifen. Dieser Zwischenschliff geschieht von Hand und ausschließlich in Richtung der Maserung.

5 Wenn das Holz trocken ist, schleifen Sie es noch einmal mit feinem Schleifpapier Körnung 320 von Hand – ohne Schleifklotz – und in Faserrichtung.

6 Wischen Sie alles mit einem weichen Tuch ab, um den Schleifstaub zu entfernen. Wir haben unseren Tisch mit Öl eingelassen (siehe Seite 60–62).

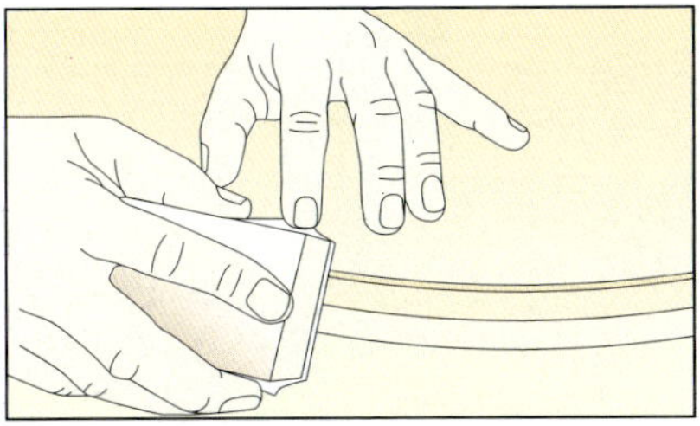

3 Zum Schleifen von Fugen und Ecken legen Sie das Schleifpapier um den Schleifklotz oder falten es.

SCHABER SCHÄRFEN

Um die Ziehklinge zu feilen, spannen Sie sie in den Schraubstock. Mit einer feinen Flachfeile feilen Sie die Längskanten rechtwinklig, indem Sie die Feile genau waagerecht über die Klinge ziehen. Wenn die Kanten glatt sind, ziehen Sie sie mit einem Ölstein sauber ab. Den Grat entfernen Sie mit dem Ziehklingenstahl.

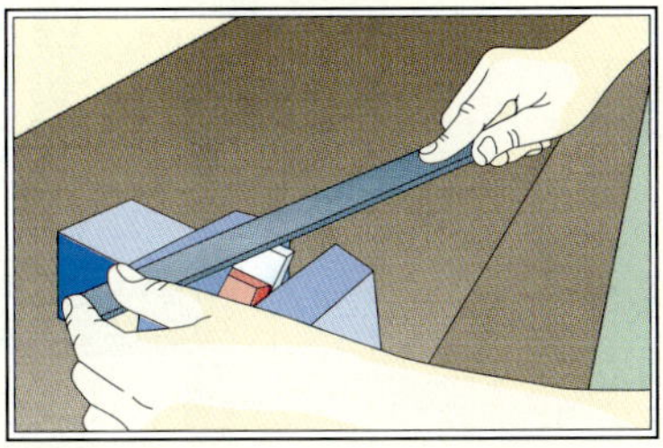

Die Längskante der Ziehklinge wird rechtwinklig gefeilt.

Um den Dreieckschaber zu schärfen, spannen Sie den Metallstiel in den Schraubstock und verfahren genauso wie bei der Ziehklinge. Wenn die Schneiden schon sehr stumpf sind, müssen Sie sie auf der Schleifmaschine schärfen und anschließend mit dem Ölstein abziehen.

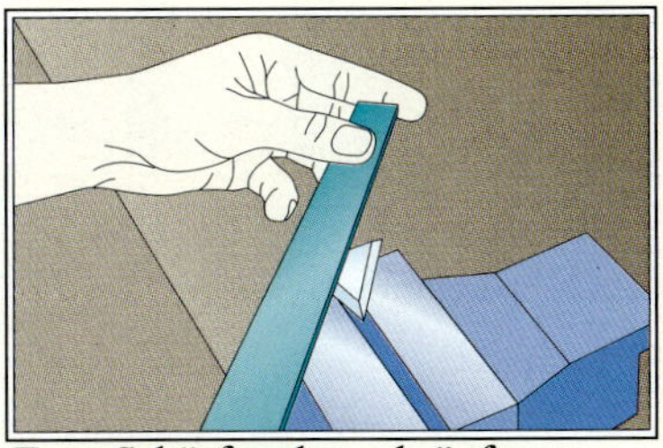

Zum Schärfen des gekröpften Schabers wird der Stiel in den Schraubstock eingespannt.

Dieser gedrechselte Stuhl war total verschmutzt und ramponiert, aber zu schade zum Wegwerfen. Die Verbindungen der Beine hatten sich gelockert, und die Sperrholzsitzfläche mußte völlig erneuert werden.

EINEN STUHL REPARIEREN

Dieser gedrechselte Küchenstuhl befand sich in einem sehr schlechten Zustand. Zum Wegwerfen war er aber zu schade, und es wurde beschlossen, ihn zu restaurieren. Die dabei angewendeten Techniken lassen sich auch bei der Reparatur anderer Möbelstücke nutzen.

WERKZEUG UND MATERIAL

- Beißzange
- Hammer
- Stemmeisen
- Versenker
- Maßband
- Weißleim
- Dübel
- Schraubzwingen

Die Sperrholzplatte des Sitzes war gebrochen und aufgeplatzt und mußte vollständig erneuert werden.

Arbeitsanleitung

1 Mit Beißzange, Hammer und Stemmeisen entfernen Sie die alte Sitzfläche. Setzen Sie die Werkzeuge vorsichtig ein, um die Zarge nicht zu beschädigen.

2 Ziehen Sie alle Nägel heraus. Wenn das nicht möglich ist, versenken Sie sie unter die Oberfläche.

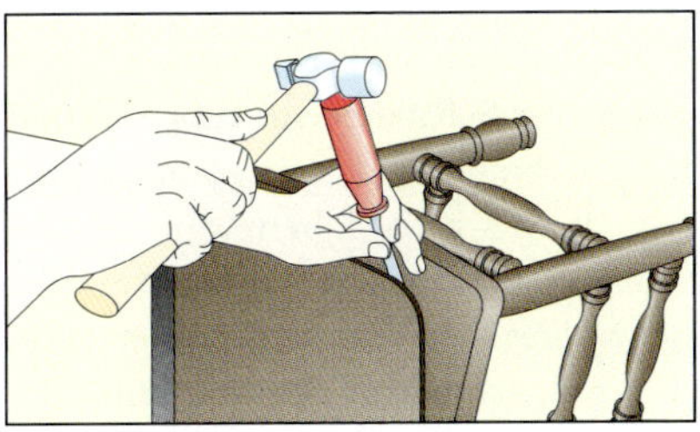

1 Mit Hammer und Stemmeisen, notfalls auch mit der Beißzange, entfernen Sie den alten Sitz.

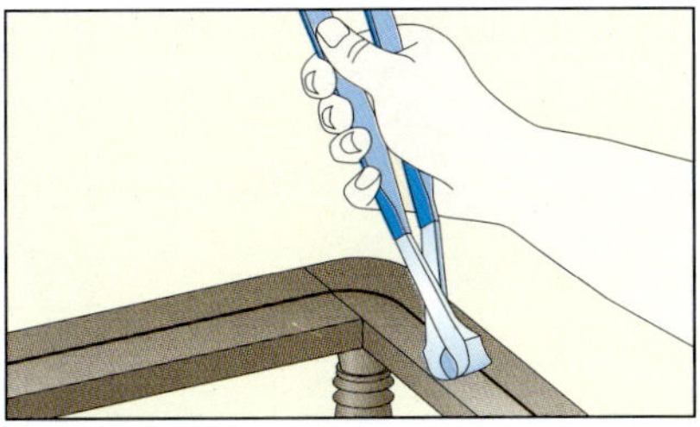

2 Alte Nägel ziehen Sie mit der Beißzange heraus oder versenken Sie unter die Holzoberfläche.

PROFESSIONELLES ABBEIZEN

Man kann beim Restaurieren alter Möbel viel Zeit und Mühe sparen, besonders bei großen Stücken, wenn man das Abbeizen in einer Ablaugerei erledigen läßt, wo das Möbel in ein Ätzbad getaucht wird. Aber nicht alle Möbel, wie zum Beispiel Bugholzmöbel, eignen sich dafür. Auch muß man sehr genau darauf achten, daß wirklich alle Beizmittelreste vor der Oberflächenbehandlung beseitigt sind.

Wenn Sie das Stück aus der Ablaugerei zurückbekommen, waschen Sie es noch einmal gründlich mit Essig ab. Tragen Sie mit einem Pinsel reichlich Essig auf und streichen Sie ihn in alle Fugen und schwer zugängliche Ecken. Die Essigsäure neutralisiert die alkalischen Abbeizmittelrückstände, was am dabei entstehenden weißen Pulver zu erkennen ist. Wenn Sie nach dieser Behandlung immer noch weißes Pulver sehen, wiederholen Sie das Auftragen des Essigs, bis keine weißen Spuren mehr zurückbleiben.

Lassen Sie die Stücke gründlich trocknen und schleifen Sie sie, bevor Sie sie weiter bearbeiten.

3 Vergewissern Sie sich, daß die Beinverbindungen stabil sind. Sollten sie locker sein, nehmen Sie die Beine ab, ohne das Holz zu beschädigen, und kennzeichnen sie, damit sie an den ursprünglichen Stellen wieder eingesetzt werden können. Kratzen Sie alte Leimreste ab. Geben Sie an Schlitze und Zapfen Leim an. Schieben Sie das erste Bein fest in den Schlitz, spannen Sie Bein und Zarge ein. Befestigen Sie die drei übrigen Beine auf die gleiche Weise.

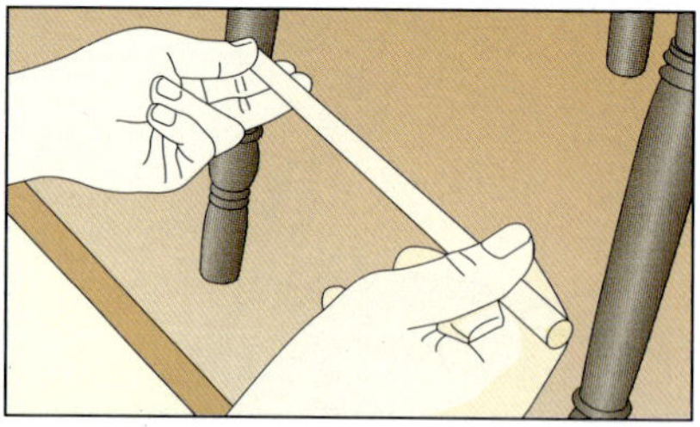

4 Stecken Sie den Quersteg erst in das eine Bein, dann ins andere, und mitteln Sie die Länge aus.

4 Um einen neuen Seitenquersteg zwischen Vorder- und Hinterbein einzusetzen, messen Sie den Abstand zwischen beiden Beinen und rechnen die Tiefe eines der Löcher in den Beinen hinzu. Schneiden Sie einen Rundstab passenden Durchmessers auf diese Länge zu. Geben Sie in beide Löcher Leim an. Schieben Sie den Quersteg bis zum Anschlag in das eine Loch, fädeln Sie das andere Ende in das zweite Loch ein und schieben Sie es ein Stück hinein.

5 Für die neue Sitzfläche fertigen Sie als erstes eine Schablone aus Pappe an und legen sie in den Sitzrahmen, um zu prüfen, ob sie paßt. Übertragen Sie die Umrisse auf Sperrholz und sägen Sie den neuen Sitz aus. Wenn er gepolstert werden soll, schneiden Sie mit Hilfe der Schablone ein Stück Schaumgummi zu, das Sie auf die Sperrholzplatte kleben und mit Leinen überziehen.

Nachdem Schmutz und alte Farbe vom Stuhl entfernt waren, wurden die Beinverbindungen repariert, ein Quersteg neu eingesetzt und der Sitz erneuert. Das fertige Möbelstück sehen Sie auf Seite 32.

Ausgebrochene Schlitze

Häufig kommt es vor, daß Schubladenöffnungen an der Stelle ausgebrochen sind, an denen der Schließriegel des Einlaßschlosses in den Schlitz eingreift, insbesondere wenn die Schublade einmal gewaltsam geöffnet worden ist. Anstatt den gesamten Steg zu ersetzen, befestigt man einen schmalen Messingblechstreifen über der Bruchstelle.

1 Schneiden Sie mit der Eisensäge den Messingblechstreifen auf die erforderliche Länge zu. Mit einem passenden Bohrer aus Hochleistungsschnellstahl (HSS) bohren Sie ein Senkloch in beide Enden des Streifens.

2 Legen Sie den Messingstreifen über die ausgebrochene Stelle und reißen Sie die Umrisse an. Schneiden Sie die Aussparung mit der Rückensäge bis zur Dicke des Streifens ein und stemmen Sie sie mit dem Stemmeisen aus.

3 Reinigen und versiegeln Sie das Messing (siehe Kasten nächste Seite) und schrauben Sie den Streifen fest. Lackieren Sie Blech und Schraubenköpfe.

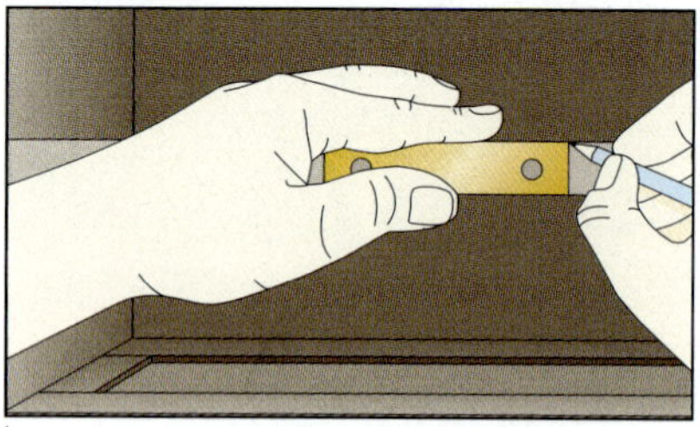

2 Messingstreifen auf das Holz legen und Umrisse anreißen, wo die Vertiefung ausgestochen werden soll.

Schubladen-Laufleisten

Die Laufleisten von Schubladen in alten Möbeln sind häufig abgenutzt, so daß sich die Schubladen nur schwer bewegen lassen. Eine einfache Reparatur schafft Abhilfe.

1 Stechen oder hobeln Sie die Oberkante der Leiste plan.

2 Nageln oder leimen Sie einen Hartholzstreifen auf die Leistenkante.

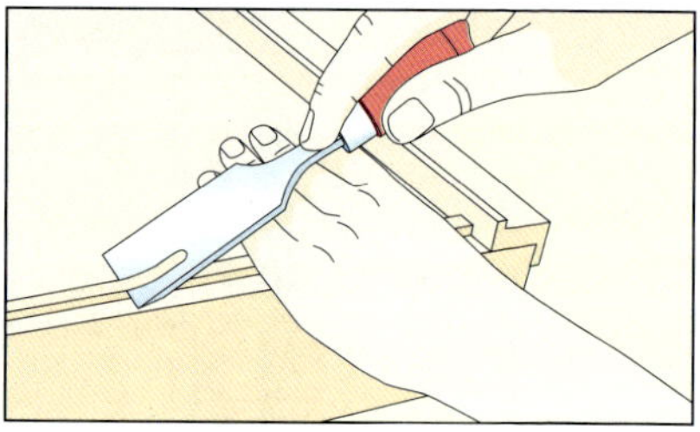

1 Die Laufleiste mit Stemmeisen oder Putzhobel abrichten, bis die Kante wieder gerade ist.

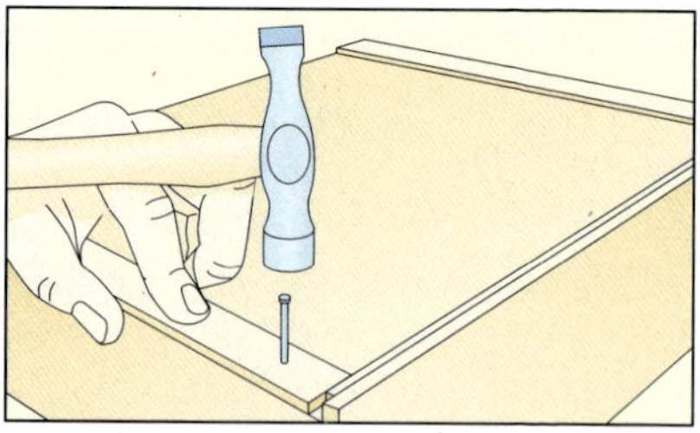

2 Auf die plangeschliffene Kante der Laufleiste wird ein Hartholzstreifen von erforderlicher Dicke genagelt.

Fugen und Löcher ausfüllen

Fugen, Schrammen, Löcher und tiefe Kratzer sind häufig vorkommende Schäden an alten Möbeln. Sie beeinträchtigen manchmal erheblich das Aussehen eines ansonsten schönen Stücks.

- Lange, schmale Fugen und Risse können mit Zellulosefüller ausgefüllt und deckend überstrichen werden.
- Risse und Löcher im Holz werden mit Holzkitt ausgefüllt, den man mit einem biegsamen Spachtel fest hineindrückt. Wählen Sie den Holzkitt in einer passenden Farbe. Je nach Beschaffenheit der Fehlstelle müssen Sie das Auskitten mehrmals wiederholen.
- Abgebrochene Ecken oder Kanten können, wenn es kleine Fehlstellen sind, mit Wachs- oder Schellackstangen passender Farbe restauriert werden. Damit lassen sich auch Risse und Löcher füllen. Das Wachs wird erhitzt in mehreren Schichten auf die Schadensstelle aufgetragen und härtet beim Erkalten aus.
- Vertiefungen, bei denen die Holzfasern eingedrückt, aber nicht beschädigt sind, behandelt man mit einem dicken, feuchten Tuch, auf das man ein warmes Bügeleisen stellt. Unter Einwirkung des Dampfes dehnt sich das Holz aus.

Die abgebrochene Ecke wurde mit einem zugerichteten Stück Holz restauriert (siehe Seite 17).

Die häßlichen Brandflecken auf der Platte dieses Beistelltischs wurden vorsichtig ausgeschliffen.

Brandflecken entfernen

Mit welchen Methoden und Materialien man Brandflecken beseitigt, richtet sich nach der Art des Schadens, der zum Beispiel von einer brennenden Zigarette verursacht worden sein kann.

- Sind die Flecken nur oberflächlich, kann man sie oft mit Schleifpaste, wie man Sie für Metall verwendet, entfernen.
- Die meisten Brandflecken gehen jedoch tiefer ins Holz und müssen ausgeschliffen werden. Tiefere Mulden werden mit Holzkitt oder Wachs in der passenden Farbe ausgefüllt.

MESSING REINIGEN

Messingbeschläge putzt man mit einer Messingdrahtbürste oder einem schleifmittelhaltigen Kunststoffvlies. Für erstklassige Ergebnisse verwendet man die Bohrmaschine und ein Polierset, bestehend aus Schwabbelscheibe, Filzscheibe und Polierpasten für Vor- und Feinpolitur.

Nachdem die erforderlichen Reparaturen ausgeführt waren, wurde der Stuhl grundiert und mit zwei Schichten Acryllackfarbe überzogen. Die Sitzfläche wurde gepolstert und mit einem passenden Stoff überzogen.

MIT ACRYLFARBEN STREICHEN

Bei der Oberflächenbehandlung werden häufig wasserlösliche Acrylfarben benutzt. Das Anstreichen ist einfach, und die Pinsel können in Wasser ausgewaschen werden.

Arbeitsanleitung

1 Bereiten Sie die Oberflächenbehandlung vor (siehe Kasten auf Seite 53).

2 Tragen Sie die Grundierung auf und lassen Sie sie trocknen. Grundiert wird meist mit verdünnter Lackfarbe.

3 Füllen Sie Fehlstellen mit Holzkitt und Spachtel aus. Schleifen Sie alle Flächen mit Schleifpapier Körnung 180 ab. Für die Beine und Stege benutzen Sie feine Stahlwolle.

WERKZEUG UND MATERIAL

- Grundierfarbe oder Acryllack
- Pinsel
- Holzkitt
- Spachtel
- Schleifpapier, jeweils ein Blatt Körnung 180 und 240
- Stahlwolle oder Schleifvlies
- Weicher Pinsel oder Lappen
- Acryllackfarbe
- Reinigungstuch

4 Entfernen Sie den Schleifstaub mit dem Pinsel und tragen Sie die zweite Grundierungsschicht auf.

5 Für den Zwischenschliff verwenden Sie Schleifpapier Körnung 240 und feine Stahlwolle.

6 Tragen Sie die erste Deckschicht mit unverdünntem Acryllack satt und gleichmäßig auf. Verstreichen Sie sie besonders sorgfältig auf Profilen und Schnitzereien. Lassen Sie die Farbe gut trocknen.

7 Schleifen Sie die Flächen mit Schleifpapier Körnung 240 und die Beine und Stege mit feiner Stahlwolle. Entfernen Sie den Schleifstaub mit Pinsel oder weichem Lappen und tragen Sie die zweite Farbschicht auf.

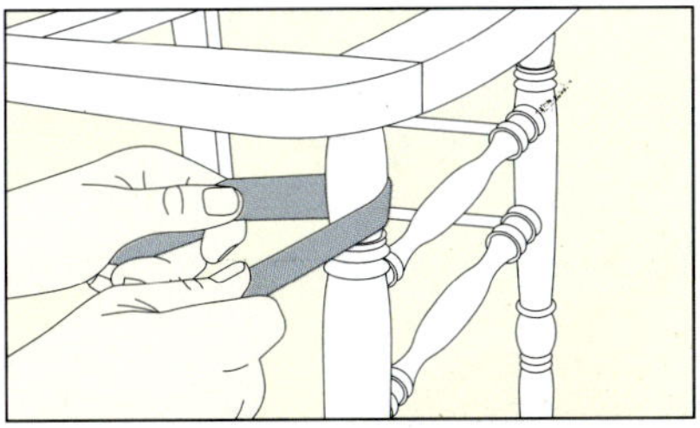

3 Für den Zwischenschliff der Grundierung auf gerundeten Werkstücken benutzen Sie feine Stahlwolle.

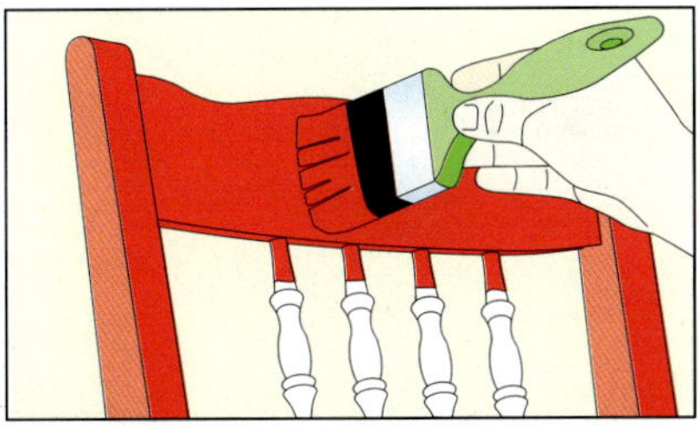

6 Tragen Sie die erste Schicht Acrylfarbe auf und verstreichen Sie diese. Lassen Sie den Lack trocknen.

ALKYDHARZLACKE

Lösungsmittelhaltige Alkydharzlacke brauchen etwas mehr Zeit zum Trocknen, und die Pinsel müssen mit Universalverdünnung gereinigt werden. Die Anstriche sind jedoch haltbarer und weniger anfällig für Beschädigungen. Deshalb wurde für dieses Kinderschreibpult, das starken Beanspruchungen ausgesetzt ist, eine Alkydharzlackfarbe verwendet.

Arbeitsanleitung

1 Bereiten Sie das Möbel für die Oberflächenbehandlung vor (siehe Kasten Seite 53). Tragen Sie die Grundierung auf und lassen Sie sie trocknen. Arbeiten Sie bei allen Anstrichen nach Möglichkeit mit einem Schaumstoffroller. Nur Profis erzielen mit dem Pinsel eine einwandfreie Oberfläche.

2 Schleifen Sie die Grundierung mit Schleifpapier Körnung 220 leicht ab. Schleifen Sie nicht bis aufs Holz. Wischen Sie den Schleifstaub ab.

3 Tragen Sie die erste Schicht Decklack auf. Verteilen Sie die Farbe im Kreuzgang. Arbeiten Sie zügig, um Strichkanten zu vermeiden. Lassen Sie die Farbe aushärten.

WERKZEUG UND MATERIAL

- Grundierfarbe für Holz
- Pinsel und Schaumstoffroller
- Schleifpapier, jeweils ein Blatt Körnung 220 und 320
- Alkydlackfarbe für Decklackierung
- Sauberer Lappen
- Pinselreiniger oder Universalverdünnung

4 Zwischenschleifen Sie die Lackschicht mit sehr feinem Schleifpapier. Schleifen Sie nicht bis auf die Grundierung durch. Wischen Sie den Schleifstaub ab.

5 Streichen Sie die zweite Schicht Decklack auf. Dies sollte unbedingt mit dem Schaumstoffroller geschehen, damit Sie eine glatte Oberfläche erhalten.

2 Zum Zwischenschleifen der Grundierung verwenden Sie Schleifpapier mit feiner Körnung.

3 Tragen Sie die Decklackierung mit überlappenden Pinselzügen auf und nehmen Sie die Strichkanten mit.

Die als Decklackierung aufgetragene letzte Farbschicht verleiht dem alten Kinderschreibpult frischen Glanz und ist sehr widerstandsfähig gegen Stoßeinwirkungen und Kratzer.

Die Zierleisten an den Türfüllungen und Eckkanten des Speiseschranks wurden mit roter Farbe abgesetzt, um einen wirkungsvollen Kontrast zu den übrigen Flächen zu schaffen.

MEHRFARBIGER ANSTRICH

Sie können die Wirkung eines Anstrichs beleben, indem Sie mit zwei oder mehr Farben arbeiten, die entweder einen Kontrast bilden oder Ton in Ton harmonieren können. Sie müssen beim Lackauftrag die einzelnen Farbbereiche voneinander abgrenzen, damit Flächen mit sauberen Rändern entstehen.

WERKZEUG UND MATERIAL

- Grundierung
- Pinsel und Schaumstoffroller
- Schleifpapier, je ein Blatt Körnung 240 and 280
- Schleifklotz
- Weicher Pinsel oder Lappen
- Schleifmittelhaltiges Kunststoffvlies
- Dünne Drahtstifte
- Farbe für Deckanstrich
- Farbe für Zierleisten
- Leicht abziehbares Klebeband zum Abdecken (Maskierband)*

* Zum Beispiel in Kfz-Lackierereien erhältlich

Arbeitsanleitung

1 Bereiten Sie die Oberflächen vor (siehe Kasten auf Seite 53).

2 Grundieren Sie das gesamte Werkstück einschließlich aller Türen und Zierleisten. Die Grundierung muß in die Holzporen eindringen und sie versiegeln. Lassen Sie die Grundierung gut trocknen.

3 Mit einem Bogen Schleifpapier der Körnung 240 schleifen Sie die Grundierung leicht ab. Schleifen Sie nicht bis aufs Holz durch. Wenn Sie durchschleifen, müssen Sie die Stelle vor dem Farbauftrag neu grundieren. Sie können mit dem Schleifklotz arbeiten, haben aber beim Schleifen von Hand mit dem zusammengefalteten Schleifpapier mehr Gefühl. Wischen Sie den Schleifstaub ab.

4 Streichen Sie die erste Farbschicht auf, in diesem Fall ein helles Grün. Streichen Sie Flächen mit dem Schaumstoffroller, Leisten und Friese mit dem Pinsel. Verteilen Sie die Farbschicht im Kreuzgang. Lassen Sie die Farbe trocknen.

5 Als Zwischenschliff schleifen Sie leicht mit Schleifpapier Körnung 280. Vorsicht an den Kanten! Beim Schleifen abgerundeter Ecken hat sich schleifmittelhaltiges Kunststoffvlies bewährt. Entfernen Sie den Schleifstaub. Tragen Sie die zweite Farbschicht auf.

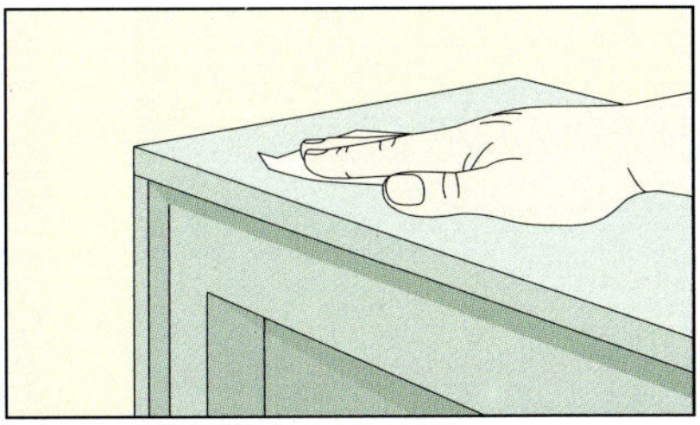

5 Den ersten Deckanstrich vorsichtig zwischenschleifen, um nicht auf die Grundierung durchzuschleifen.

TÜRBÄNDER AUSWECHSELN

Hier wurden die alten Scharniere durch Klavierbänder ersetzt.

1 Richten Sie die Stellen, wo die ursprünglichen Scharniere eingesetzt waren, mit dem Hobel ab.

2 Schneiden Sie das Klavierband mit der Eisensäge auf die erforderliche Länge zu. Das Band muß 4 mm kürzer sein als die Türhöhe. Klappen Sie die beiden Schenkel auseinander und legen Sie den einen bündig an die Türkante. Das Gelenk muß nach außen zeigen.

3 Schrauben Sie das Band an Tür und Korpus fest. Klavierbänder werden vor dem Anstrich angepaßt und vor dem Farbauftrag wieder abgenommen.

1 Die Aussparung des alten Scharniers wird sorgfältig plangehobelt.

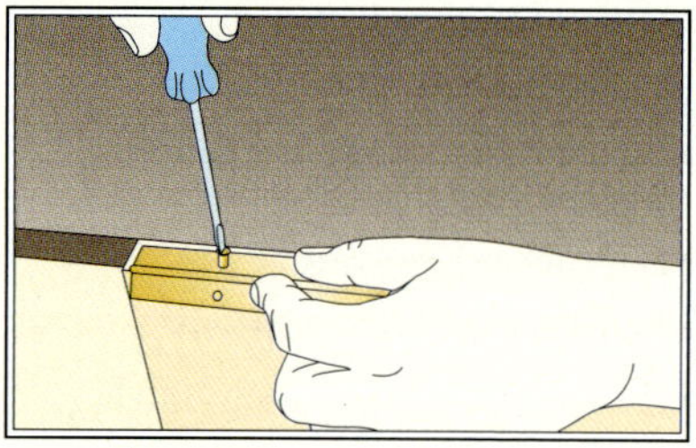

3 Schrauben Sie den Schenkel des Klavierbands mit Messingschrauben an die Türkante.

6 Lassen Sie den Deckanstrich gut aushärten; denn wenn Sie die zweite Farbe streichen, ehe die erste vollständig durchgetrocknet ist, ziehen Sie mit dem Abdeckband auch die Lackschicht ab. Decken Sie die Ränder des Bereichs, der in einer anderen Farbe gestrichen werden soll, mit Klebeband ab. Verwenden Sie kein Kreppband, sondern spezielles Maskierband oder klaren Klebefilm.

7 Rauhen Sie die für den Anstrich bestimmte Fläche mit Schleifpapier leicht auf und entstauben Sie sie.

Für einen mehrfarbigen Anstrich muß man die Flächenränder abdecken.

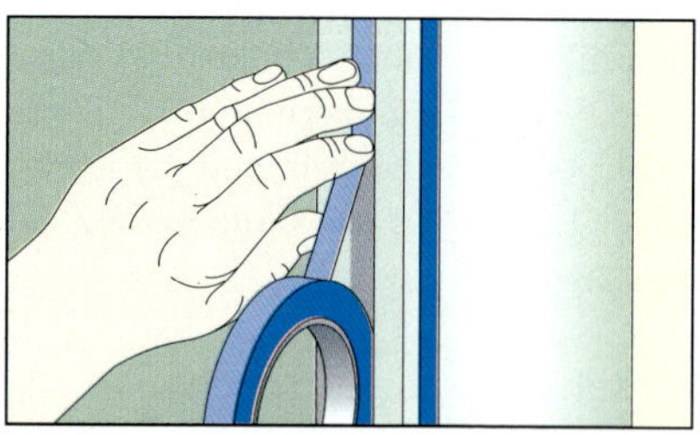

6 Umranden Sie die zu streichenden Flächen mit Klebeband. Drücken Sie die Streifen fest auf den Untergrund.

BESCHÄDIGTES FLIEGENGITTER DURCH NEUES ERSETZEN

1 Bevor Sie den Schrank anstreichen, entfernen Sie das alte Fliegengitter, indem Sie die Befestigungsleisten mit dem Stecheisen abheben. Setzen Sie die Klinge von der Innenseite an, damit Sie die Außenkanten nicht beschädigen.

2 Schneiden Sie das Gitternetz auf die erforderliche Größe zu und nageln Sie es außen auf den Türrahmen. Dann richten sie es sorgfältig aus. Legen Sie die Zierleisten darauf und befestigen Sie diese mit dünnen Drahtstiften. Versenken Sie die Köpfe.

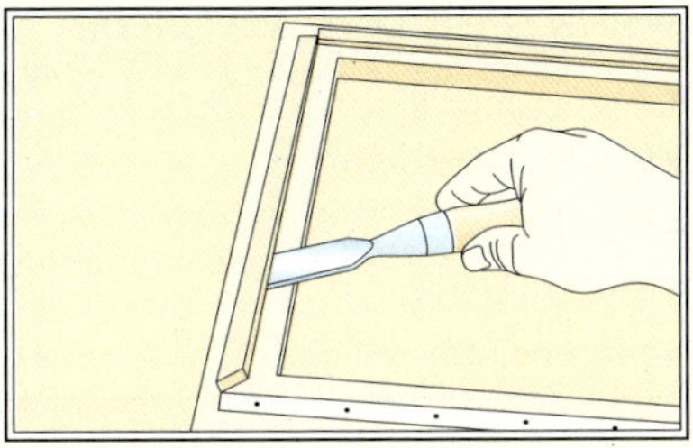

1 Entfernen Sie die Zierleisten mit dem Stemmeisen, das Sie von innen ansetzen, damit die Außenkanten nicht beschädigt werden.

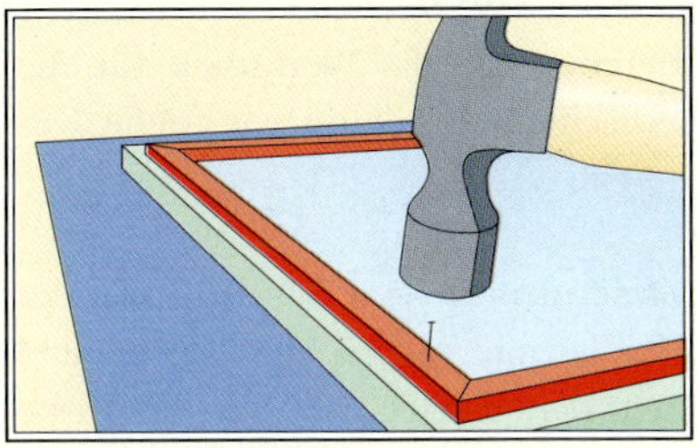

2 Legen Sie das neue Gitternetz auf den Rahmen und befestigen Sie es mit kleinen Drahtstiften durch die Zierleisten.

8 Lackieren Sie die mit Abdeckband umklebte Fläche mit der anderen Farbe. Streichen Sie Flächen mit dem Schaumstoffroller, damit Sie eine gleichmäßig deckende Lackschicht erzielen. Ziehen Sie das Klebeband ab, solange der Lack noch naß ist. Auf diese Weise erzielen Sie die saubersten Kanten. Ziehen Sie das Klebeband niemals senkrecht von der Fläche weg, sondern dicht über der Fläche nach hinten. So schert der Lackfilm ab, ohne fransig aufzureißen. Diese Arbeit erfordert einige Übung und etwas Geschick.

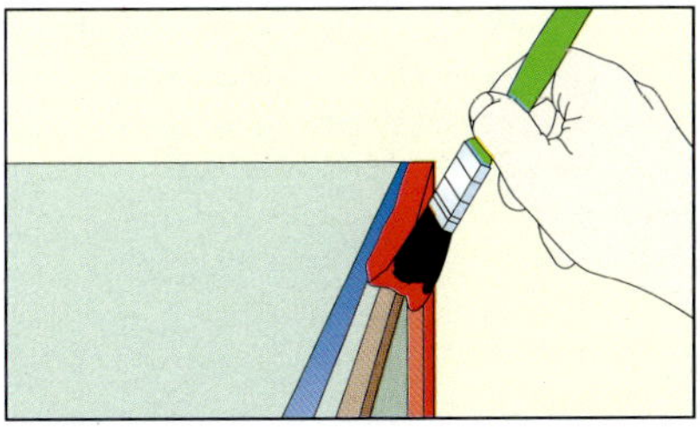

8 Tragen Sie die Farbe vorsichtig auf, damit Sie nicht über die abgedeckten Ränder hinaus streichen.

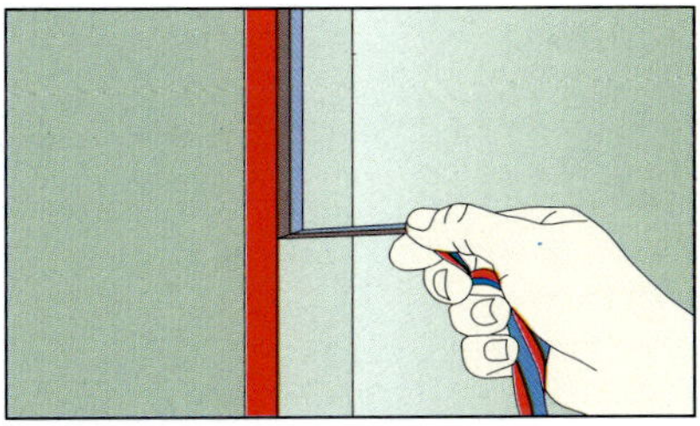

9 Heben Sie das Klebeband vorsichtig ab. Wenn Farbe daran hängenbleibt, ziehen Sie in die Gegenrichtung.

GEWISCHTE OBERFLÄCHEN

Der matte Schimmer der Oberfläche wurde mit verdünnter Lackfarbe und Möbelwachs erzielt. Damit das Ergebnis professionell aussieht, sind einige Besonderheiten zu beachten. Man sollte das Möbel weitgehend zerlegen und jeweils nur kleinere Flächen bearbeiten. Gewischte Oberflächen wirken besonders edel.

Arbeitsanleitung

1 Bereiten Sie das Werkstück für die Oberflächenbehandlung vor (siehe Kasten Seite 53).

2 Verdünnen Sie den Acryllack mit der halben Menge Wasser. Der Wasseranteil richtet sich danach, ob Sie die Farbe dunkler oder heller wünschen.

3 Tragen Sie die Farbe jeweils auf überschaubare Flächen auf, damit Sie sie wegwischen können, bevor sie trocknet. Bearbeiten Sie z. B. eine Tür oder eine Seite. Tragen Sie die Farbe satt auf und wischen Sie mit einem sauberen Lappen mit langen, überlappenden Bewegungen ab. Hat der Lappen zuviel Farbe aufgesogen, wechseln Sie ihn gegen einen neuen aus. Beginnt die Farbe anzutrocknen, streichen Sie erneut Farbe auf und wischen Sie sie sofort wieder ab. Lassen Sie die Lackfarbe trocknen.

WERKZEUG UND MATERIAL

- Acryllackfarbe
- Gummihandschuhe
- Pinsel
- Saubere Lappen
- Möbelwachs

4 Tragen Sie das Wachs mit einem sauberen Lappen auf. Lassen Sie es 20 Minuten einziehen. Reiben Sie die Fläche mit einem Flanelltuch ab, um überschüssiges Wachs wieder zu entfernen. Die Oberfläche bekommt nun einen matten Schimmer. Nach 30 Minuten wiederholen Sie den Vorgang. Je mehr Wachsschichten Sie auftragen, desto schöner ist die Wirkung.

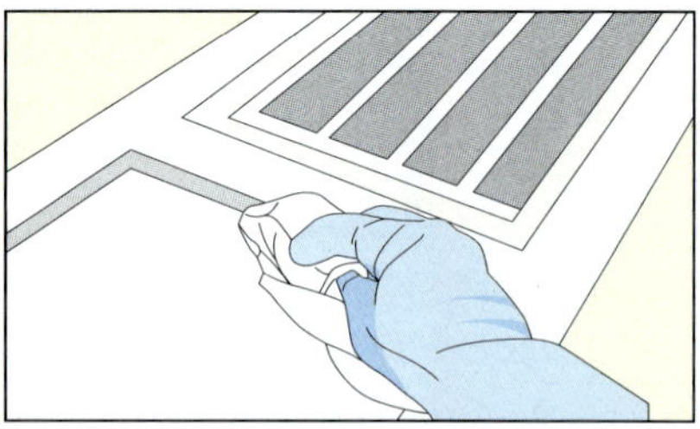

3 Farbe mit dem Pinsel satt auftragen und überschüssige Farbe mit einem weichen Lappen abwischen.

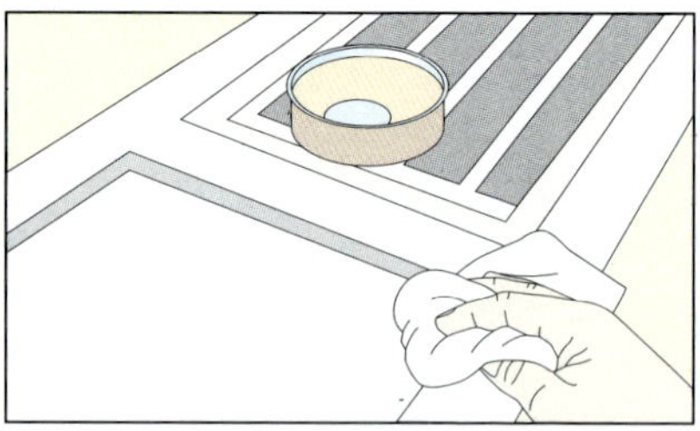

4 Mehrere Wachsschichten werden mit einem sauberen Lappen auf den Farbanstrich gleichmäßig aufgetragen.

Die zarte Tönung des Holzes mit gewischter Farbe steigert die Wirkung der bunten Glasornamente in den Türfüllungen dieses altmodischen Kleiderschranks, dessen matter Glanz mit Wachs erzielt wurde.

Für viele Möbel wie dieses eiserne Bettgestell ist das Spritzen die am besten geeignete Methode des Farb- und Lackauftrags. Damit lassen sich auch verschnörkelte Verzierungen mit einer gleichmäßigen Farbschicht überziehen.

EISEN SPRITZLACKIEREN

Natürlich kann man Eisenteile auch mit dem Pinsel lackieren. Eine befriedigende Qualität erreicht man aber nur durch Spritzen. Für eine ordentliche Spritzlackierung braucht man Kompressor und Spritzpistole oder wenigstens eine Kolbenspritzpistole – für den Gelegenheitslackierer keine lohnende Sache. Zum Glück gibt es zahlreiche Farbtöne spritzfertig in der Spraydose.

Arbeitsanleitung

1 Wischen Sie das entrostete und geschliffene Werkstück gut ab, damit es staubfrei ist. Soll es im Außenbereich stehen, muß es in jedem Fall grundiert werden. Dazu eignet sich eine Zinkstaubgrundierung aus der Spraydose am besten.

2 Sprühen Sie aus 15–20 cm Entfernung eine dünne, gleichmäßige Schicht auf das Werkstück. Lassen Sie die Zinkstaubfarbe kurz antrocknen und wiederholen Sie den Vorgang.

3 Rauhen Sie die Grundierung mit feinem Lackschliffpapier leicht auf, ohne sie zu entfernen. Falls Sie bis aufs Metall durchschleifen, müssen Sie die betroffenen Stellen neu grundieren.

WERKZEUG UND MATERIAL

- Schleifvlies
- Zinkstaubgrundierung
- Lackschliffpapier
- Sprühfarbe für Eisen und Metalle in Sprühdosen

4 Aus 15 cm Entfernung sprühen Sie die Lackfarbe in sehr dünner, gleichmäßiger Schicht auf das Werkstück, lassen kurz antrocknen und sprühen noch einmal, bis das Werkstück mit einer deckenden Lackschicht überzogen ist.

HINWEIS

Arbeiten Sie in einem hellen, möglichst staubfreien Raum.

2 Führen Sie die Sprühdose in 15 cm Abstand zum Werkstück in einem Zug, ohne abzusetzen.

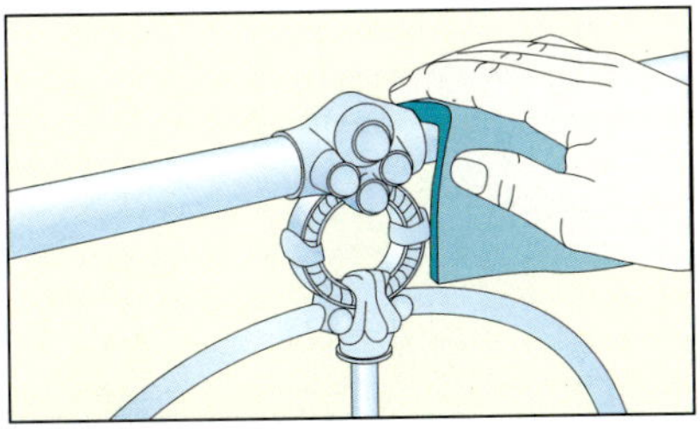

3 Schleifen Sie die Grundierung leicht mit Naßschleifpapier oder Schleifvlies ab, ohne sie durchzuschleifen.

ROHRMÖBEL SPRITZLACKIEREN

Spritzen ist eine sehr zweckmäßige Methode, einem alten Möbel zu neuem Glanz zu verhelfen. Das geht einfach und ist schnell erledigt. Wenn Sie die natürliche Farbe des Materials erhalten wollen, verwenden Sie einen farblosen Überzugslack.

WERKZEUG UND MATERIAL

- Grundierung (für diesen Sessel wurden drei Dosen gebraucht)
- Schleifvlies
- Weicher Pinsel oder Lappen
- Decklackierung (für den Sessel wurden sechs Dosen gebraucht)
- Universalmesser
- Reinigungstuch

Arbeitsanleitung

1 Machen Sie den Stuhl staubfrei und bereiten Sie ihn auf die Oberflächenbehandlung vor (siehe Kasten Seite 53). Stellen Sie ihn auf Zeitungen und hängen Sie Kunststoffolie über die Möbel, wenn Sie in Wohnräumen arbeiten.

2 Grundieren Sie den Stuhl aus 15 cm Abstand. Lassen Sie die Grundierung trocknen.

3 Schleifen Sie die Grundierung etwas an und entfernen Sie den Schleifstaub gründlich mit dem Staubsauger, dem Pinsel oder einem weichen Tuch.

4 Spritzen Sie die erste Schicht Farbe auf und lassen Sie sie gut trocknen. Schleifen Sie die Lackschicht leicht an und schneiden Sie lose Bambusfasern ab.

5 Entfernen Sie den Staub und tragen Sie die zweite Lackfarbschicht auf.

ABLAUFSPUREN VERMEIDEN

Wenn »Nasen« und »Gardinen« auftreten, war der Lackauftrag zu dick. Ablaufspuren müssen Sie mit dem Pinsel gut verstreichen, bevor die Farbe trocknet. Wenn Sie welche übersehen haben, schleifen Sie sie ab und spritzen nochmals Farbe auf die schadhafte Stelle.

2 Sprühen Sie im Abstand von 15 cm die Grundierung auf und führen Sie die Sprühdose parallel zur Oberfläche.

3 Die Grundierung muß zwischengeschliffen und der Staub mit einem weichen Pinsel entfernt werden.

Dieser Rohrsessel sah schon sehr mitgenommen aus, aber frisch lackiert erstrahlt er nun in neuem Glanz. Wenn Sie viel lackieren, sollten Sie über den Kauf einer Spritzpistole nachdenken, da Lackspraydosen ziemlich teuer sind.

Die feine Holzmaserung und edle Patina dieser dreischübigen Kommode kommen vorteilhaft zur Geltung, wenn man sie mit Wachs überzieht und glänzend poliert.

MIT WACHS POLIEREN

Wachs verleiht der Möbeloberfläche einen matten Schimmer, ohne die natürliche Farbe zu beeinträchtigen. Allerdings ist eine solche Oberfläche nicht sehr widerstandsfähig. Mit einer farbigen Wachsbeize wachsen und versiegeln Sie in einem Arbeitsgang.

Arbeitsanleitung

1 Bereiten Sie das Möbelstück für die Oberflächenbehandlung vor (siehe Kasten Seite 53). Entfernen Sie Schmutz und Staub.

2 Tragen Sie das Wachs mit feinster Stahlwolle oder einem Lappen auf die Flächen auf und reiben Sie es mit gleichmäßigen Bewegungen parallel zur Faserrichtung fest ein. Es darf keine zu dicke Schicht entstehen.

WACHSPOLITUR AUFFRISCHEN

Stark zerkratzte Wachspolitur kann mit sehr feinem Siliziumkarbidpapier abgeschliffen werden. Schleifen Sie immer in Faserrichtung. Sie können auch warmes Seifenwasser verwenden. Reiben Sie die Fläche zum Schluß mit einem Lappen trocken.

WERKZEUG UND MATERIAL

- Möbelwachs oder Wachsbeize
- Feine Stahlwolle oder Schleifvlies
- Reinigungstuch
- Saubere Lappen

3 Lassen Sie das Wachs einige Minuten einziehen und reiben Sie es ein zweites Mal mit einem anderen Lappen. Die Oberfläche ist klebrig, aber reiben Sie trotzdem weiter und wechseln Sie den Lappen, wenn zuviel Wachs daran haftet. Reiben Sie so lange wie möglich, damit das Wachs Glanz bekommt. Halten Sie das Werkstück während des Polierens mit der Hand und einem sauberen Tuch fest. Profis verwenden zum Polieren einen Pferdestriegel.

4 Wiederholen Sie den ganzen Vorgang noch einmal.

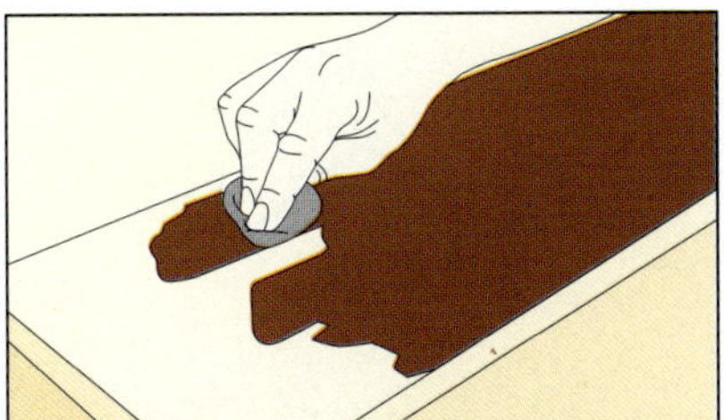

2 Tragen Sie das Wachs mit feinster Stahlwolle auf und verstreichen Sie es gleichmäßig dünn in Faserrichtung.

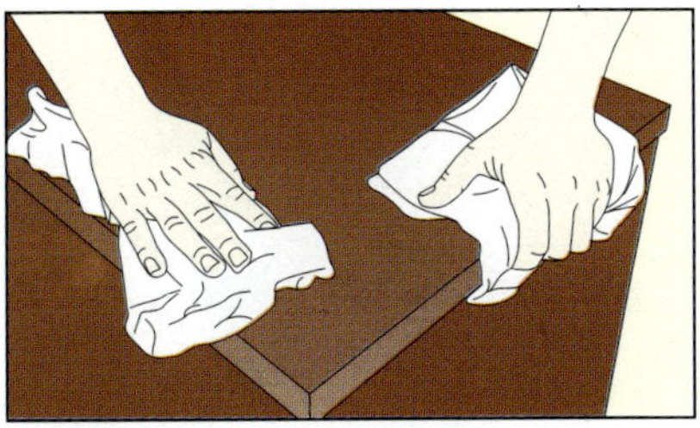

3 Mit einer Hand und einem sauberen Tuch halten Sie das Stück fest, während Sie es mit der anderen polieren.

FARBLOSER LACKÜBERZUG

Mit farblosen Polyurethanlacken erzielt man matte, seidenmatte und hochglänzende Oberflächen, ohne die natürliche Holzfarbe zu verändern. Neben den farblosen gibt es auch Farblacke auf Polyurethanbasis. Sie sind äußerst strapazierfähig, hitzebeständig und wasserfest. Farblose Acryllacke sind jedoch umweltfreundlicher.

Arbeitsanleitung

1 Bereiten Sie das Werkstück für die Oberflächenbehandlung vor. Entfernen Sie Staub auch aus Ecken und Ritzen.

2 Tragen Sie die erste Lackschicht auf. Verwenden Sie für größere Flächen den Schaumstoffroller. Lackieren Sie auch die Kanten von Schubladen und Türen, die normalerweise nicht sichtbar sind. Lassen Sie den Lackauftrag trocknen. Das kann je nach Wetterlage ein bis drei Tage dauern. Der Lack muß vollständig ausgehärtet sein, bevor Sie fortfahren.

3 Schleifen Sie das gesamte Werkstück mit Schleifpapier der Körnung 240. Arbeiten Sie beim Schleifen nur mit der Hand; denn jede Schleifmaschine würde zuviel von der Lackschicht abtragen. Entfernen Sie den Schleifstaub.

4 Wiederholen Sie die Schritte 2 und 3. Verwenden Sie dabei Schleifpapier der Körnung 320. Entfernen Sie den Staub auch aus Ecken und Ritzen und tragen Sie die letzte Lackschicht auf. Lassen Sie sie aushärten.

WERKZEUG UND MATERIAL

- Farbloser Polyurethanlack
- Pinsel und Schaumstoffroller
- Schleifpapier, jeweils ein Blatt Körnung 280 und 320
- Korkschleifklotz
- Schleifmittelhaltiger Kunststoffvlies
- Weicher Pinsel oder Lappen
- Reinigungstuch
- Pinselreiniger, Terpentin oder Terpentinersatz

2 Tragen Sie den Lack mit dem Pinsel auf und lassen Sie ihn bis zu drei Tage aushärten.

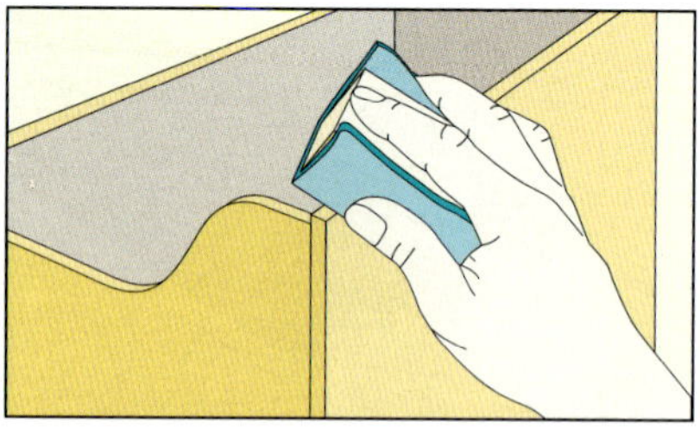

3 Schleifen Sie alle Flächen leicht ab und seien Sie besonders vorsichtig an den Kanten.

Dieser altmodische Aktenschrank wirkt sehr ansehnlich, wenn man ihn reinigt und mit farblosem Lack überzieht. Ausgebrochene Innenkanten der Schubfächer wurden mit Messingstreifen repariert (siehe Seite 30).

Dieser einfach konstruierte Handtuchhalter wurde gebeizt und mit Klarlack gestrichen. Die Beständigkeit gegenüber Feuchtigkeit ist sehr gut.

FARBLASUREN

Lasuren sind nichtdeckende, offenporige Anstriche. Sie dringen tief in das Holz ein und schützen die Poren, bilden aber keinen dichten Film. So wird das Holz vor eindringender Feuchtigkeit geschützt, kann aber enthaltene Feuchtigkeit abgeben. Lasuren ergeben aber keine hochglänzende Oberfläche. Wird eine solche gewünscht, arbeitet man mit Beize und Klarlack.

WERKZEUG UND MATERIAL

- Reinigungstuch
- Farblasur
- Pinsel
- Schleifpapier Körnung 240
- Schleifmittelhaltiges Kunststoffvlies
- Weicher Pinsel oder Lappen

Arbeitsanleitung

1 Bereiten Sie das Werkstück für die Oberflächenbehandlung vor (siehe Kasten Seite 53).

2 Tragen Sie die Farblasur mit einem Pinsel von guter Qualität auf. Verteilen Sie die Lasur gleichmäßig mit geraden, parallelen Strichen längs zur Faserrichtung. Achten Sie auf Ablaufspuren und verstreichen Sie sie gut, bevor die Lasur trocknet. Wenn Sie beizen, prüfen Sie die Wirkung erst an einem Stück Abfallholz. Tragen Sie die Beize mit dem Schwamm oder einem langhaarigen Beizpinsel erst in, dann quer zur Maserrichtung satt auf. Lassen Sie die Beize etwas einziehen und nehmen Sie dann den Überschuß mit dem Schwamm wieder ab.

GEBEIZTE ODER LACKIERTE FLÄCHEN REINIGEN

Um Schmutz von gebeizten oder lackierten Flächen zu entfernen, tauchen Sie ein sauberes Tuch in Seifenwasser und wringen Sie es aus. Wischen Sie damit die Oberfläche ab. Waschen Sie den Gegenstand noch einmal mit klarem Wasser ab und trocknen Sie ihn ab.

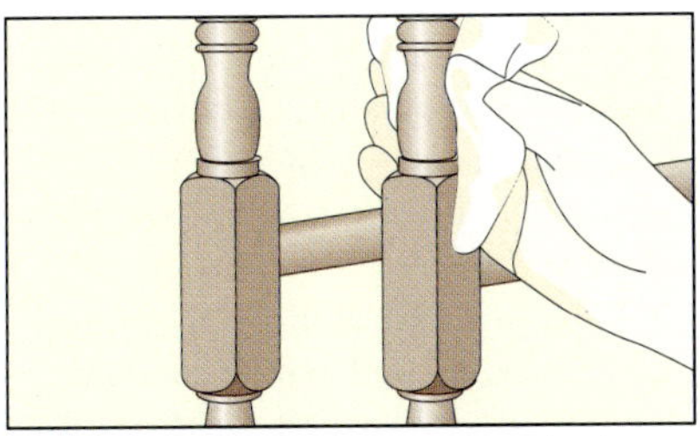

1 Wischen Sie den Gegenstand mit einem Reinigungstuch ab, damit er völlig staubfrei ist.

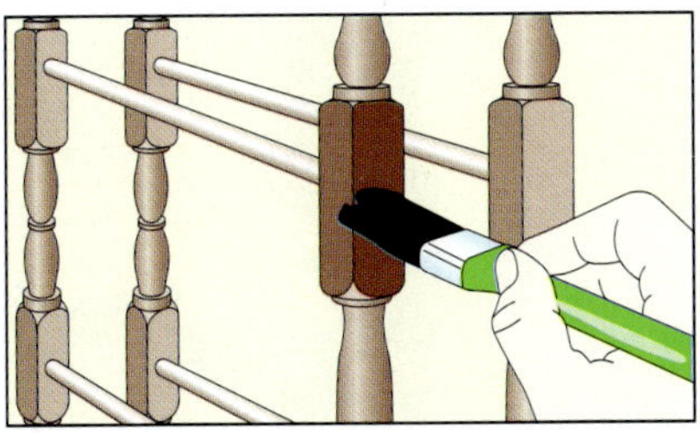

2 Tragen Sie die Farbe mit dem Pinsel gleichmäßig auf. Führen Sie die Striche in Faserrichtung.

Nach dem Reinigen der Flächen wurde der farbige Lack aufgestrichen.

3 Lassen Sie Lasur oder Beize trocknen. Das kann etwas länger dauern, als in der Gebrauchsanleitung angegeben. Nehmen Sie Schleifpapier mit Körnung 240 und schleifen Sie das Werkstück ab. Bei nichtdeckenden Anstrichen wird nur von Hand und ausschließlich in Richtung der Maserung geschliffen. Entfernen Sie den Schleifstaub mit Pinsel oder Tuch.

4 Tragen Sie den zweiten Lasuranstrich auf. Gebeizte Werkstücke überziehen Sie mit glänzendem, seidenmattem oder mattem Überzugslack.

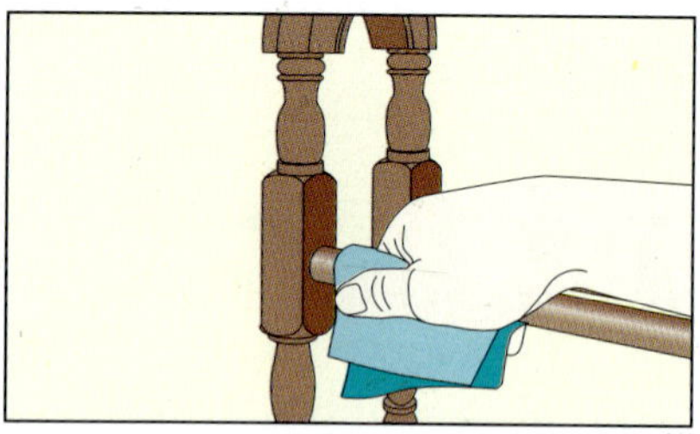

3 Der erste Lasurauftrag wird geschliffen. Für die Kanten nehmen Sie das Schleifvlies.

TIPS ZUM STREICHEN

- Arbeiten Sie immer in einer gut belüfteten Umgebung oder unter freiem Himmel, wenn Sie lösungsmittelhaltige Lacke und Lasuren oder chemische Beizen verarbeiten, damit die beim Aushärtungsvorgang verdunstenden Lösungsmittel keinen Schaden anrichten können.
- Verwenden Sie nur Pinsel von guter Qualität. Lockere Borsten bleiben im Lack kleben und beeinträchtigen das Aussehen der Oberfläche. Beizpinsel dürfen keine Metallteile aufweisen.
- Bei Beizen und Lasuren empfiehlt sich ein Probeanstrich auf einem Stück Abfallholz. Nur so können Sie zuverlässig beurteilen, ob der Farbton Ihren Vorstellungen entspricht.
- Um den Farbton einer gebeizten oder furnierten Fläche zuverlässig beurteilen zu können, feuchtet man sie ein wenig an. Das feuchte Holz zeigt den gleichen dunkleren Farbton wie die spätere versiegelte Oberfläche.
- Um eine glänzende Oberfläche zu erhalten, streichen Sie mit farblosem Lack über die gebeizte Fläche.
- Manche Klarlacke und Farblasuren können mit Spiritusbeizen abgetönt werden.
- Zum Verdünnen von Kunstharzlacken verwendet man Universalverdünner, bei den – heute selten gewordenen – Nitrolacken einen speziellen Nitroverdünner.
- Wenn das Möbel fürs Badezimmer oder einen anderen Feuchtraum bestimmt ist, versiegeln Sie die Holzoberfläche mit Bootslack oder Dickschichtlasur.

DIE OBERFLÄCHE VORBEREITEN

Ob ein Möbel abgebeizt wurde oder sich im Originalzustand befindet – in beiden Fällen müssen Sie vor dem Lackauftrag die Oberflächen vorbereiten. Das gilt besonders bei farblosen Lacküberzügen und Schellackpolitur, die dadurch ansehnlicher werden.

1 Versichern Sie sich, daß das Werkstück absolut sauber ist. Schmutz und Fett entfernen Sie mit warmem Wasser und Seife. Spülen Sie gut ab und lassen Sie das Holz trocknen. Dabei heben sich auch lose Fasern und können abgeschliffen werden.

2 Entfernen Sie Türen, Schubladen, Scharniere und Beschläge. Versenken Sie herausstehende Nägel. Glasfüllungen werden mit Zeitungspapier und Klebeband abgedeckt. Die Streifen müssen mit den Kanten bündig liegen.

3 Schleifen Sie mit Körnung 120 und entfernen Sie Holzfasern, die sich gelöst haben. Für große Flächen verwenden Sie den Schwingschleifer, kleine Flächen werden mit dem Schleifklotz bearbeitet, und für Ecken und Ritzen nehmen Sie die Kante des gefalteten Schleifpapierblatts. Brechen Sie scharfe Kanten, damit sie die Farbe besser annehmen.

4 Risse und Löcher werden mit Holzkitt ausgefüllt. Lassen Sie den Kitt aushärten, bevor Sie mit Schleifpapier der Körnung 180 darübergehen. Bei Möbeln ohne deckenden Anstrich verwendet man Wachsstangen passender Farbe.

5 Schleifen Sie noch einmal mit Körnung 180. Entfernen Sie den Schleifstaub.

6 Nehmen Sie Wasserbeize, um zu hell geratene Stellen farblich an ihre Umgebung anzupassen (siehe Schritt 2 auf Seite 60).

7 Tragen Sie mit einem kleinen Pinsel Rostumwandler auf die Köpfe von Nägeln und Schrauben auf.

8 Säubern Sie das Werkstück.

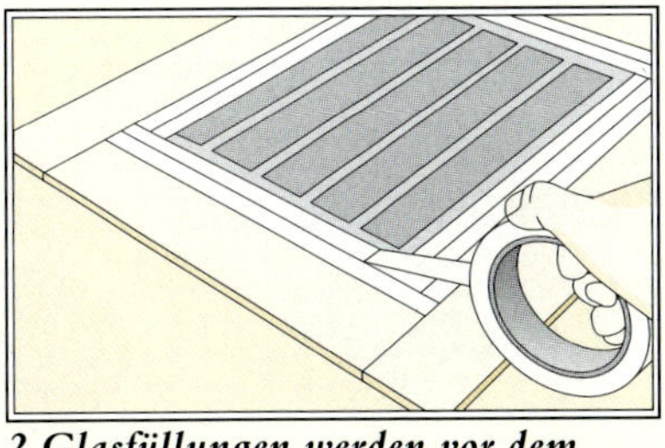

2 Glasfüllungen werden vor dem Anstreichen mit Zeitungspapier und Klebestreifen abgedeckt.

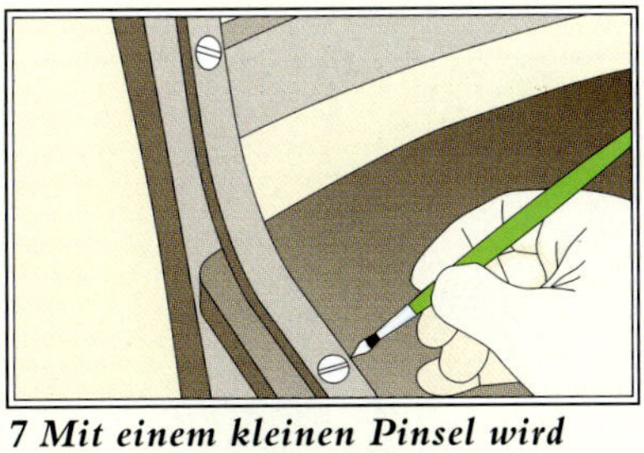

7 Mit einem kleinen Pinsel wird Rostumwandler auf Schraubenköpfe aufgetragen.

SCHELLACKPOLITUR

Schellack ist ein natürlich vorkommendes Harz, das in Spiritus aufgelöst wird. Damit läßt sich eine fast glasartige Oberflächenqualität erreichen. Schellackpolitur erfordert viel Geschick und Erfahrung.

Arbeitsanleitung

1 Bereiten Sie das Werkstück besonders sorgfältig für die Oberflächenbehandlung vor (siehe den Kasten auf Seite 53).

2 Ziehen Sie Handschuhe an und streichen Sie den Schellack mit einem Marderhaarpinsel bester Qualität gleichmäßig auf. Nehmen Sie sich nur kleine Flächen vor, denn die Politur trocknet schnell. Wenn sie sich beim Streichen klebrig anfühlt, arbeiten Sie zu langsam oder auf zu großen Flächen. Schleifen Sie mit feinstem Lackschliffpapier von Hand in Faserrichtung und wiederholen Sie den Vorgang.

Wenn Sie die Schellackpolitur auf klassische Weise mit dem Polierballen auftragen, tauchen Sie diesen in den Schellack und führen ihn erst mit kreisförmig überlappenden Bewegungen, dann in Achtern und schließlich in parallelen Zügen über die Fläche (siehe die Zeichnung S. 56). Halten Sie den Ballen ständig in Bewegung, bis er fast trocken ist, und ziehen Sie ihn am Schluß von der Fläche, statt ihn abzuheben, weil Sie jede Absetzbewegung im Ergebnis sehen würden. Führen Sie den frisch angefeuchteten Ballen zunächst nur mit mäßigem Druck, sonst reißt die Polierschicht auf.

WERKZEUG UND MATERIAL

- Handschuhe
- Schellack
- Marderhaarpinsel
- Ballen aus Trikot
- Baumwollwatte
- Schälchen oder Untertasse
- Schleifvlies
- Naßschleifpapier Körnung 400
- Weicher Pinsel oder Lappen
- Reinigungstuch

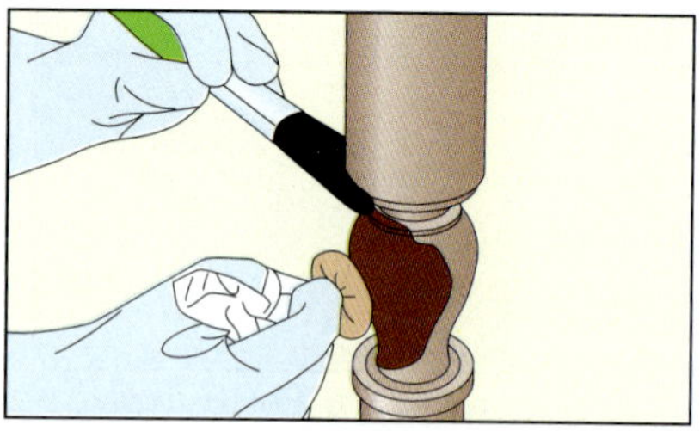

2 Auf kleinen Flächen wird die Schellackpolitur mit dem Pinsel aufgetragen und anschließend poliert.

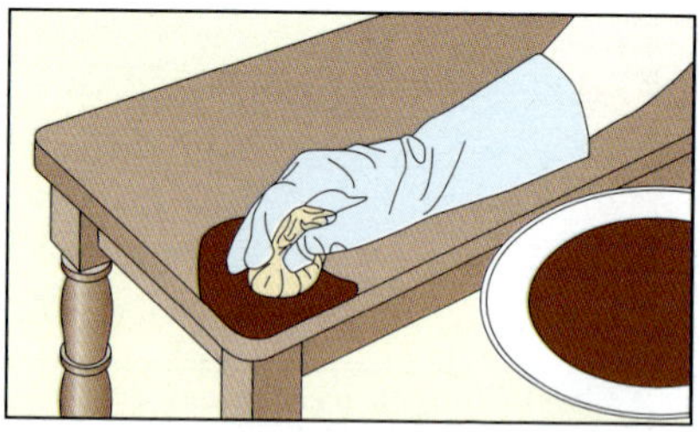

3 Wenn größere Flächen zu polieren sind, erfolgt der Auftrag der Schellackpolitur mit dem Ballen.

Die klassische Schellackpolitur ist die edelste aller Oberflächenbehandlungen, denn sie bringt die ausdrucksvolle Maserung und Farbe alten Holzes wie kein anderer Überzug zur Geltung.

SCHELLACKPOLITUR

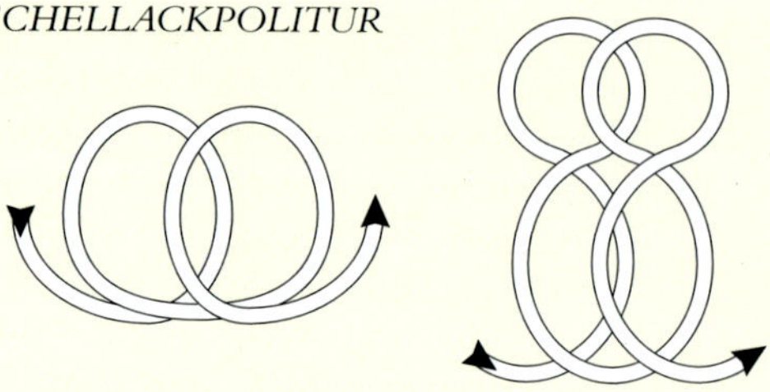

1 Kreisförmige Bewegungen des Ballens

2 Achterförmige Bewegungen

3 Gerade Züge parallel zur Faserrichtung

3 Wenn Sie auf größeren Holzflächen arbeiten, müssen Sie den Ballen häufiger anfeuchten.

4 Am nächsten Tag schleifen Sie mit feinstem Lackschliffpapier eventuelle Unebenheiten und Staubpartikel in der Politur heraus. Mit Pinsel oder Lappen entfernen Sie den Schleifstaub.

5 Wiederholen Sie den Politurauftrag mehrmals, wobei Sie jedesmal mit feiner Stahlwolle zwischenschleifen. Dieser Tisch wurde mit sechs Schichten Politur behandelt, vier sind in der Regel das Minimum. Mehr als sechs steigern die Farbintensität und die Wirkung der ausdrucksvollen Maserung.

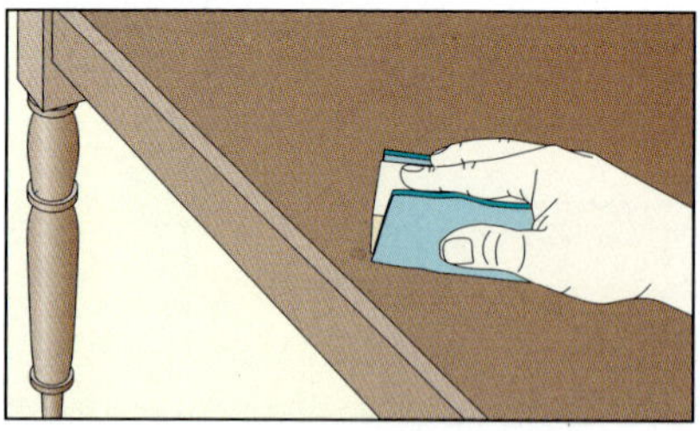

4 Reiben Sie die Oberfläche leicht mit Nylonfaservlies ab und entfernen Sie Ablaufspuren mit Schleifpapier.

SCHELLACKPOLITUR AUFFRISCHEN

- Zum Beseitigen von Kratzern in der Schellackpolitur gibt es keine Patentlösung. Die Oberfläche muß abgeschliffen oder abgebeizt und von Grund auf neu aufpoliert werden.
- Schmutz und Fettflecken werden mit einem feuchten Tuch abgewischt. Anschließend muß man die Stelle sogleich trockenreiben.
- Um nachgedunkelte Schellackpolitur aufzufrischen, wäscht man sie mit warmem Seifenwasser ab. Nachdem man sie gründlich abgetrocknet hat, trägt man eine Lösung aus fünf Teilen Spiritus, zwei Teilen Leinöl und einem Teil Terpentin auf.
- War das Möbel direkter Sonneneinstrahlung ausgesetzt, kann die Politur verblaßt und das Holz gebleicht sein. Entfernen Sie die Politur (siehe Seite 22–25), waschen Sie das Holz mit verdünntem Essig und lassen Sie es nach dem Trocknen mit einer Lösung aus gleichen Teilen Leinöl und Terpentin ein, um die ursprüngliche Holzfarbe wieder hervorzubringen. Danach tragen Sie frische Schellackpolitur auf.

POLIERBALLEN FÜR DIE SCHELLACKPOLITUR

Für die klassische Schellackpolitur brauchen Sie einen Polierballen, den Sie selbst herstellen können. Entsprechend den zu bearbeitenden Flächen können Sie die Polierballen verschieden groß machen. Für große Flächen nehmen Sie ein 30 x 30 cm großes Leinen- oder Trikotstück, für kleinere Flächen genügen auch etwa 10 x 10 cm.

1 Nehmen Sie eine Lage gute Baumwollwatte und falten Sie die Ecken nach innen, so daß ein eiförmiger Ballen mit glatter Unterseite entsteht. Statt Baumwollwatte kann man auch aufgetrennte reine Wolle für den Kern des Ballens verwenden.

2 Legen Sie den Wattekern auf ein Stück Leinen (ein altes Bettlaken eignet sich gut dafür), schlagen und falten Sie die Ecken darüber, so daß der Watteballen auf allen Seiten vom Tuch umgeben ist.

3 Binden Sie die Ecken mit einem Stück Schnur oder einem Gummiband zusammen. Drücken Sie den Ballen »mausförmig«, wie es in der Poliersprache heißt, zu einem festen Kern zusammen. Die Unterseite muß völlig faltenfrei und glatt sein. Unebenheiten würden zu einem ungleichmäßigen Auftrag der Politur führen und Streifen in der Schellackschicht hinterlassen.

4 Bevor Sie mit dem Ballen zu arbeiten beginnen, lösen Sie die Schnur oder das Gummiband und gießen Schellack auf den Watteballen, bis er gut durchfeuchtet ist. Binden Sie das Tuch wieder zu.

5 Drücken Sie den Ballen auf sauberes Papier, um überschüssige Politur zu entfernen. Nun können Sie mit dem Polieren beginnen.

Zwischen den Arbeitsgängen bewahren Sie den Ballen in einem Behälter mit luftdicht schließendem Deckel auf, damit er nicht austrocknet. Für die weiteren Arbeitsgänge empfiehlt es sich, mit mittelfeinem und feinem Leinen zu polieren und den Überzug innerhalb eines Arbeitsganges ab und zu auszuwechseln.

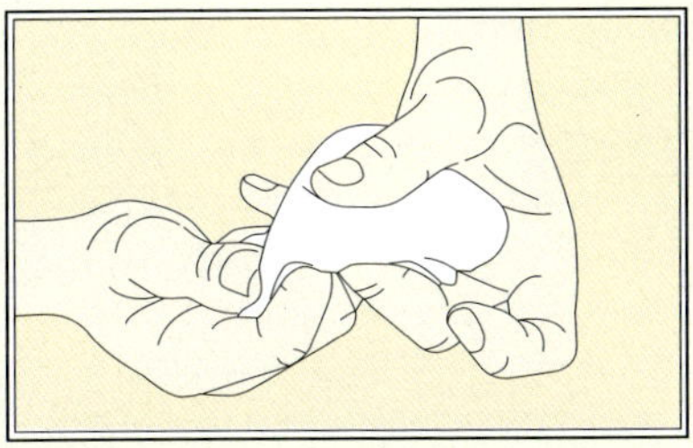

1 Falten Sie eine Lage Baumwollwatte zum mausförmigen Kern des Polierballens zusammen.

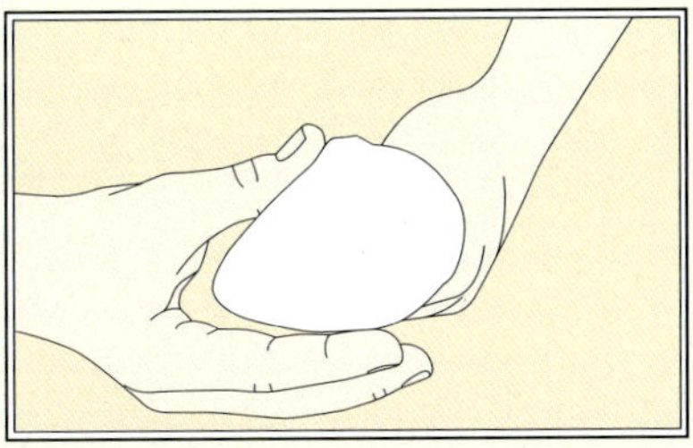

2 Ziehen Sie ein Stück sauberes Leinen über den Kern und schlagen Sie es auf der Unterseite ein.

Dieses Schmuckkästchen mit Schubladen wurde nach der Oberflächenbehandlung mit Schwarzbeize überzogen und lackiert, so daß die elegante Wirkung einer kostbaren chinesischen Lackarbeit entstand.

PATINIEREN

Durch Patinieren werden antike Oberflächen imitiert und Farbangleichungen vorgenommen. Professionelles Patinieren mit Nebelbeizen erfordert viel Übung und Erfahrung, doch die hier beschriebene Methode kommt dem Ergebnis recht nahe.

Arbeitsanleitung

1 Bereiten Sie das Werkstück für die Oberflächenbehandlung vor (siehe Kasten Seite 53). Es muß staubfrei sein.

2 Legen Sie alles griffbereit zurecht, was Sie brauchen, denn Schwarzbeize trocknet sehr schnell. Halten Sie auch einige saubere Lappen bereit, und tragen Sie Handschuhe, wenn Sie die Schwarzbeize mit dem Pinsel aufstreichen. Wischen Sie überschüssige Beize mit einem Tuch ab, bevor sie trocknet.

3 Überziehen Sie die Schwarzbeize mit verdünnter Schellackpolitur, die Sie mit dem Pinsel auftragen. Nehmen Sie sich kleine Flächen vor und wischen Sie überschüssige Politur mit einem nicht fasernden Leinenlappen ab.

WERKZEUG UND MATERIAL

- Schwarzbeize
- Pinsel
- Saubere Lappen
- Gummihandschuhe
- Verdünnte Schellackpolitur
- Fusselfreies Tuch
- Schleifmittelhaltiges Kunststoffvlies
- Korkschleifklotz
- Weiche Pinsel
- Reinigungstuch
- Klarlack (für dieses Möbel wurden zwei Dosen gebraucht)

4 Nach dem Trocknen der Schellackpolitur wird mit feinem Lackschliffpapier zwischengeschliffen. Nehmen Sie den Korkschleifklotz auf ebenen Flächen. Entfernen Sie den Schleifstaub mit Pinsel oder Lappen. Wenn sich der Lappen mit Staub zusetzt, wenden Sie ihn oder nehmen einen neuen.

5 Schütteln Sie die Sprühdose mit farblosem Lack kräftig. Sprühen Sie die erste Lackschicht dünn auf und nach etwa zwei Stunden eine weitere. Halten Sie die Sprühdose 15–20 cm vom Gegenstand entfernt und führen Sie sie in einem Zug, ohne anzuhalten, im Kreuzgang zur Oberfläche. Spritzen Sie eine dünne, gleichmäßige Lackschicht.

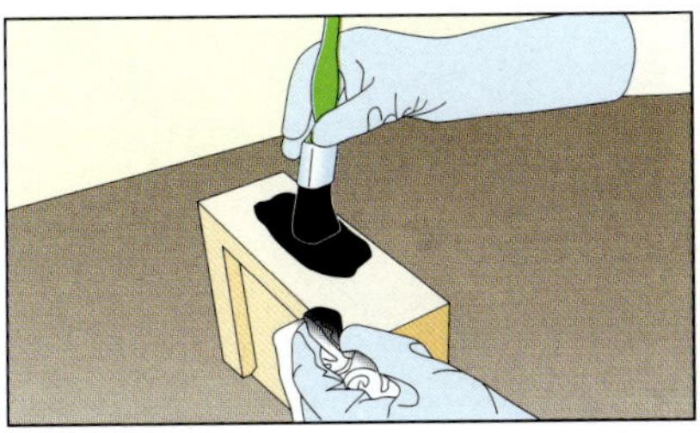

2 Tragen Sie die Schwarzbeize auf einer kleinen Fläche auf und wischen Sie den Überschuß sogleich ab.

GEÖLTE OBERFLÄCHEN

Von Natur aus ölhaltige Hölzer, die die meisten anderen Oberflächenmittel abstoßen, aber auch viele andere Weich- und Harthölzer können mit Öl eingelassen werden. Am gebräuchlichsten sind Leinöl, Teaköl und Tungöl. Ölpolituren betonen die natürliche Maserung und Schönheit des Holzes, sind aber nicht hitzebeständig und anfällig für Flecken.

Arbeitsanleitung

1 Bereiten Sie den Gegenstand für die Oberflächenbehandlung vor (siehe Kasten Seite 53). Gründliches Schleifen ist besonders wichtig, um eine völlig glatte Oberfläche zu erhalten. Wenn Sie Fehlstellen ausfüllen müssen, verwenden Sie Wachsstangen in der passenden Farbe.

2 Beizen Sie alle Stellen, die heller als die normale Holzfarbe sind. Bei Ölpolituren ist das besonders wichtig, weil sich Farbunterschiede nicht verbergen lassen. Bein und Füße dieses Tisches wurden gebeizt, um ihre Farbe jener der Tischplatte und des Zargenrahmens aus Rotzeder anzugleichen. Lassen Sie zuerst zur Probe eine wenig auffallende Stelle mit Öl ein. Lassen Sie das Öl trocknen. Wenn Sie mit dem Ergebnis zufrieden sind, tragen Sie das Öl auf dem gesamten Bereich der Beine und Füße auf. Ölüberschüsse wischen Sie mit einem sauberen Lappen ab. Lassen Sie den Auftrag trocknen.

WERKZEUG UND MATERIAL

- Schleifpapier Körnung 320
- Wasserbeize (optional)
- Gummihandschuhe (optional)
- Zwei Flachpinsel
- Saubere Baumwollappen
- Leinöl oder Teaköl

3 Mit einem sauberen Pinsel bestreichen Sie die Tischplatte vollständig mit Öl. Wenn das Öl ins Holz einzuziehen beginnt und sich erste trockene Stellen zeigen, tragen Sie auf diese weiteres Öl

2 Farblich abweichende Holzteile werden mit wasserlöslichen Beizen an ihre Umgebung angepaßt.

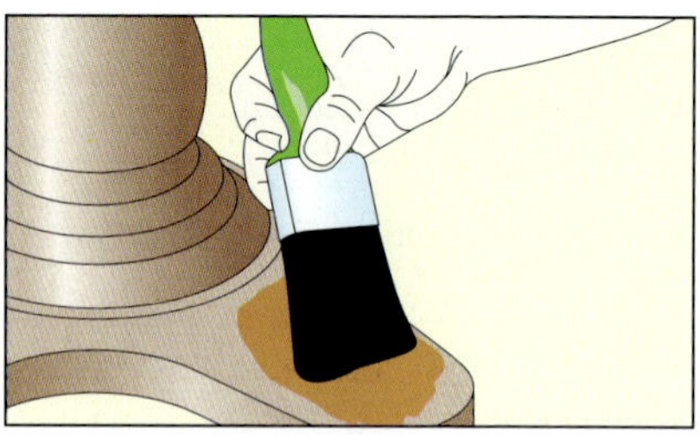

3 Verwenden Sie einen sauberen Pinsel von guter Qualität, um das Öl auf alle Flächen zu streichen.

Die Standsäule und das Fußgestell wurden mit Wasserbeize getönt und den übrigen Teilen farblich angepaßt. Sechs Ölaufträge brachten die natürliche Zeichnung der Hölzer besonders schön zur Geltung.

Nach dem Abbeizen kam die natürliche Farbe des Rotzederholzes von Tischplatte und Rundzarge zum Vorschein. Bein und Füße sind aus hellerem Holz.

auf. Nach etwa 30 Minuten dürfte das Öl ins Holz eingedrungen sein. Bevor die Oberfläche klebrig zu werden beginnt, wischen Sie Überschüsse mit einem sauberen Lappen ab.

4 Am nächsten Tag tragen Sie weitere Schichten auf. Es sollten mindestens vier sein, um eine schöne, haltbare Politur zu erreichen. Je mehr Schichten Sie auftragen, desto besser wird die Qualität.

5 Der letzte Ölauftrag wird nach dem Trocknen poliert.

ALTE ÖLAUFTRÄGE REINIGEN

Reinigen Sie geölte Hölzer nicht mit Möbelpolitur. Um einen alten Ölauftrag aufzufrischen, müssen Sie ein für die Oberflächenbehandlung geeignetes Öl verwenden und es mit einem sauberen Lappen leicht in Faserrichtung einreiben. Zum Abschluß polieren Sie mit einem weichen Tuch. Flecken und Schäden durch Hitzeeinwirkung lassen sich nicht beseitigen.

HÄUFIG GEBRAUCHTE WERKZEUGE

Unten sind einige der wichtigsten Werkzeuge abgebildet, die beim Möbelbau häufig verwendet werden. Sie können sie bei Bedarf nach und nach anschaffen. Die meisten davon gibt es im Werkzeughandel und in Baumärkten.

JAPANSPACHTEL zum Glätten von Holzkitt

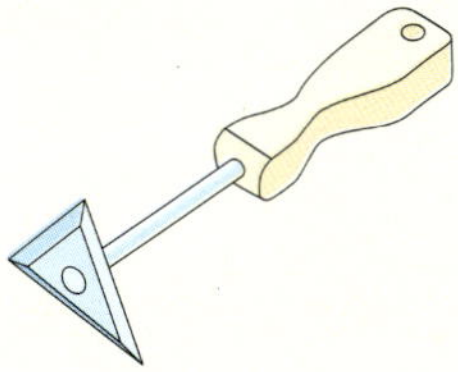

DREIKANTSCHABER zum Abkratzen von Farbe und Abbeizmitteln

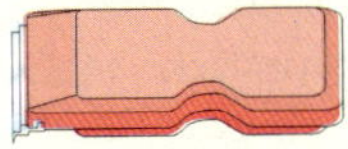

ZIEHKLINGE mit Holzgriff zum Abziehen von Holzflächen

FLACHPINSEL zum Auftragen von Beizen und Farben auf Möbelflächen

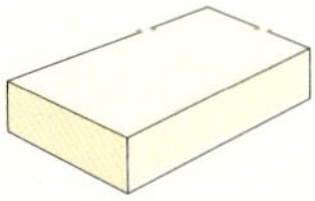

KORKSCHLEIFKLOTZ für die Arbeit mit Schleifpapier

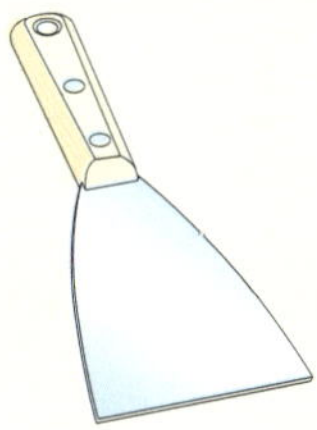

SPACHTEL mit breitem Blatt zum Abheben von Farbschichten

FLACHFEILE zum Auskratzen von Fugen

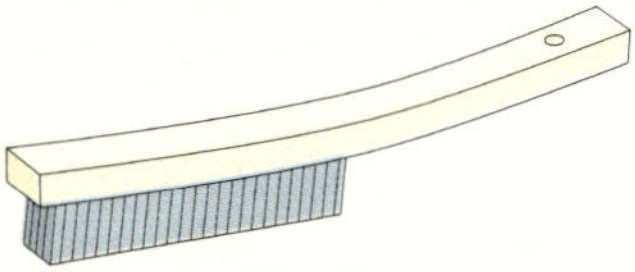

DRAHTBÜRSTE zum Entfernen von abblätternder Farbe und Rost

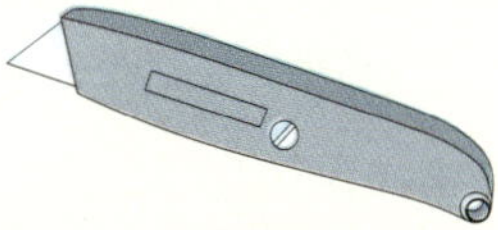

UNIVERSALMESSER mit scharfer, auswechselbarer Klinge

SCHWINGSCHLEIFER zum Schleifen großer Flächen

SCHLEIFMITTELHALTIGES KUNSTSTOFFVLIES, auch mit Holzgriff erhältlich, zum Schleifen von Rundungen

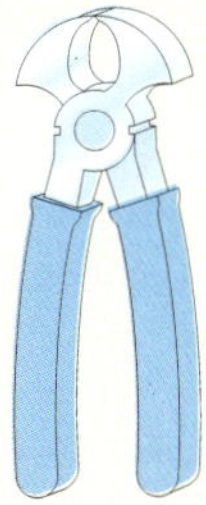

BEISSZANGE zum Herausziehen von Nägeln

REGISTER